简明计算机辅助翻译学生操作手册

李学宁 李向明 韩倩兰 韦锦泽 宋孟洪 编著

Déjà Vu软件

BBYY Aligner软件

Memoq软件　　Snowman CAT软件

SDL Trados Studio软件

Basic CAT软件

复旦大学出版社

前　言

　　教育部 2020 年颁布的《普通高等学校本科外国语言文学类专业教学指南》指出:智能化时代的外语教育教学必须跟上科技创新步伐,深度融合现代信息技术,促进人才培养的理念、内容、模式和方法的改革。

　　在此背景下,国内许多外国语学院尝试开设计算机辅助翻译课程,旨在提升学生翻译技术素养、培养学生应用机辅翻译软件的能力。然而,在开设的过程中往往面临 3 个棘手的问题:①需要申请经费购买价格不菲的翻译软件操作平台,后期还需要不断投入才能更新换代;②师资力量相对薄弱,因为任课教师必须具备一定的计算机专业知识;③一学期下来,学生往往只学习了一两个翻译软件的操作。学生下课之后,机房关闭,学生往往无法利用课余时间进行翻译软件的操作练习。

　　有鉴于此,我们编写了这本《简明计算机辅助翻译软件学生操作手册》,介绍了 Déjà Vu、ABBYY Aligner、Snowman CAT、Memoq、SDL Trados Studio、Basic CAT 共 6 个国内外主要的翻译软件,每个软件分别从软件介绍(背景、发展历程、软件版本、主要功能等)、软件安装、软件功能、操作练习、使用答疑展开。对于学习重点软件安装、操作练习等内容,提供了详细的配图和含相关演示视频的二维码,帮助学生有效地学习计算机辅助翻译技术。学生可以把最新版本的翻译软件(试用版)下载到自己的电脑上,课后也可以按照操作手册来熟悉它们的基本操作方法。有必要指出的是,读者不限于大学生,更不限于英语专业。

　　本书由多位经验丰富的高校教师编写而成。由于计算机技术发展迅猛,难免挂一漏万,请各位读者批评指正。

编者

2022 年 7 月

目 录

第一章　计算机辅助翻译技术

大数据时代,各种数据充斥世界各个角落。碎片化的信息和海量的数据必须通过信息处理技术进行识别、搜索、分析和翻译等。近年来,云计算、物联网等技术实现突破性发展,语言服务市场结构也发生了翻天覆地的变化:语言服务的形式不再局限于传统的口译和笔译服务,还增加了本地化服务、语言支持类服务等;语言服务的对象不再局限于纸质的文本翻译,声音、图形、视频、网站翻译等构成了多元化的语言服务类型;语言服务的模式不再是一支笔、几本字典的手工作坊模式,而是进入计算机辅助翻译(computer assisted translation,CAT)技术助力的翻译项目模式。

计算机辅助翻译技术不但有助于提高翻译质量和效率,也有助于促进语言服务行业的发展。语言服务行业的高速发展所需要的不仅仅是"一名之立、旬月踟蹰"的翻译质量,翻译的数量、耗费的时间及成本都是译员或翻译公司关注的问题。简单传统的人工翻译耗时长、效率低,逐渐落后于社会发展步伐,无法满足社会发展需要。

在科技如此发达的今天,掌握计算机辅助翻译技术,是现代译者不可或缺的职业素养之一。据调查,国际上约85%的译员都在使用计算机辅助翻译工具,更多的翻译需求方也开始要求语言服务企业使用 SDL Trados Studio 等辅助翻译工具(王华树,2015:33)。在计算机辅助翻译技术的助力下,译员可以充分利用互联网所提供的信息,更加准确、高效地了解相关内容的背景信息和地道表达,从而节省大量的人力物力、节约时间成本、提高译员的工作效率和译文的准确程度。

一、计算机辅助翻译的基本概念

随着网络技术的发展和机器翻译质量的不断提高,人们对机器翻译的了解远远多于计算机辅助翻译,甚至很多人认为计算机辅助翻译就是机器翻译。事实上,机器翻译是没有任何人工参与、纯粹利用机器进行的翻译活动,翻译的主体是机器。而计算机辅助翻译是借助计算机技术、辅助译员完成翻译活动,翻译的主体实际上是译员。

计算机辅助翻译技术有广义和狭义之分。广义的计算机辅助翻译技术包括整个翻译过程辅助译员进行翻译活动的所有软硬件工具,包括主流翻译辅助工具、搜索引擎、电子辞典、术语管理工具和光学字符识别(OCR)技术等。狭义的计算机辅助翻译技术仅指主张"做过的翻译无需重做"的计算机辅助翻译软件。翻译记忆是这种类型软件的核心技术。

二、计算机辅助翻译的主要技术工具

译员在翻译过程中会使用到各种各样的软硬件工具,但最核心的还是计算机辅助翻译软件工具。在计算机辅助翻译软件工具中,都必定包含翻译记忆、语料对齐、术语管理的提取、翻译质量管理工具。

❶ 翻译记忆

翻译记忆工具可以说是计算机辅助翻译软件中最重要、最必不可少的部分。要实现"做过的翻译无需重做"的目标,翻译记忆工具起到举足轻重的作用。因此,译员在翻译重复率较高的文档时,可以通过利用之前存储在翻译记忆库中的翻译结果来辅助之后的翻译。长此以往,在同一领域翻译记忆库中的积累定会使译员在进行同领域的翻译工作时事半功倍,翻译效率得到极大的提升。

❷ 语料对齐

将翻译素材进行对齐后存入翻译记忆库,这样才能更好地实现语料的重复使用。对齐是指将原文及其译文依靠计算机语言算法进行词、句、段或篇章等不同层次的对齐,本质是"建立源语与目标语词、句、段等相同语言单位间的对应关系"(王华树,2015:113)。主流的计算机辅助翻译软件中都内嵌有语料对齐模块或者功能,当然也不乏独立的、不捆绑计算机辅助翻译软件的对齐软件工具。但无论是内嵌还是独立的对齐工具,都只是按照软件本身的算法对语料进行对齐处理,后期都必须通过人工干预,或多或少地对软件对齐后的结果进行再次拆分调整。

❸ 术语管理和提取

术语管理是指术语的收集、描述、存储以及术语库的创建、维护和检索。越来越多的跨国公司意识到保证术语使用的一致性和准确性有助于提高翻译的质量,能为翻译项目的顺利进行保驾护航,因此,术语管理成为企业信息化管理的必要组成部分。术语管理工作在翻译项目的译前、译中和译后3个阶段都扮演着非常重要的角色。

为了保证项目翻译过程中术语的一致性、准确性,提高翻译效率,术语提取是翻译流程中极为重要的一环。术语提取可以通过人工挑选出可作为术语的源语并进行翻译后做成术语表,亦可通过提取软件或工具来完成。如若项目不大,人工提取术语仍是比较推崇的方法,虽然速度会慢一些,但会比软件提取更为准确。毕竟软件只会提取满足用户设定值的、出现频率较高的词或短语,而会忽略一些出现频率不太高却非常重要的词汇。因此,建议将人工提取和软件提取两者结合,以提高术语提取的速度和准确度。

❹ 翻译质量管理

与语料对齐工具一样,翻译质量管理工具同样分为嵌入式和独立式。无论是使用哪种形式的质量管理工具,都可以根据事先的设置,对译文进行排查,如是否有漏译、是否存在不一致的翻译、是否有数字或标点符号的错误等,便于译员自查,减少译文的出错率,从而保证翻译质量。

三、翻译流程

一般来说,使用计算机辅助翻译工具的流程可分为译前、译中和译后 3 个部分。

① 译前

在翻译项目正式开始之前,需要做大量的准备工作。首先,分析稿件,做好翻译计划,包括字数计算与工期估算、文本格式的转换、译稿的呈递效果和形式等;其次,利用信息检索技术检索文稿的相关背景知识,以便对文稿的某些术语或表达有更深层次的了解,而不至于出现理解的偏差或错误;同时,人工或使用工具提取出现频率较高或者有特定含义的术语,进行翻译后创建术语库。

② 译中

译中这个阶段的整个过程其实就是双语转换的过程。如果事先有前期积累或制作的翻译记忆库和术语库,那么,可在计算机辅助翻译软件的帮助下进行预翻译。对于文稿中出现的新内容或是疑难问题,仍然需要通过译员对相关内容进行检索、翻译,确认后再保存至翻译记忆库。译员翻译时,软件也会提供自检功能,提醒译者术语使用的正确性、语句表达的规范性和译文风格的一致性等问题,防止错译、漏译等现象发生。

③ 译后

译后这个阶段的工作重心主要是译文的质量把控、审校和交付环节。译员需与审校及客户进行沟通,意见达成一致后再进行修改。译文交付后,项目经理要做好语料回收和管理工作,方便日后参考。同时,和客户确认是否可备份保留此项目资料。在客户应允保留的情况下,项目经理可按照文本类型、涉及的领域对译文进行备份分类保存;若为客户的保密资料,不便外泄,应当着客户的面删除所有相关资料。

在计算机辅助翻译软件的帮助下,译员不仅可以节省大量时间,避免重复工作,也可为日后的翻译工作积累大量的语言资源素材,提高了译文的质量,也提高了翻译的速度。

第二章　Déjà Vu 软件

📖 一、软件介绍

❶ Déjà Vu 软件背景

计算机辅助翻译软件的翘楚当属 Déjà Vu(迪佳悟)软件。作为独立翻译解析器平台的提出者,目前 Trados、WordfastPro 以及 Memoq 等软件均效仿其理念,不再作为 Word 的控件出现。Déjà Vu 是这一软件模式的发轫者,从 20 世纪 80 年代起,对计算机辅助翻译的研究历经 20 余年,已经发展得相当成熟。

Déjà Vu 是 1993 年发布的首款基于 Windows 的计算机辅助翻译系统。Déjà Vu 有"似曾相识"之意,可理解为"翻译记忆的复现"。它是 Atril Language Engineering 公司开发的,采用 CAT 软件中最早采用、如今流行的"翻译表格"界面,并采用高度集成的翻译界面。

Déjà Vu X3 是当今计算机辅助翻译领域的主流软件之一,拥有全球 4 万多企业级用户,占有该领域较高的市场份额。同时,全球有超过 200 家高校使用 Déjà Vu X3 建设了计算机辅助翻译实验室。Déjà Vu X3 是 Atril 最新版本的计算机辅助翻译软件桌面级产品,是目前市场上具有革新性的翻译记忆库软件,可以提供功能强大的翻译记忆库,也可以提供一个满足翻译、审校和项目管理需求的集成环境。

❷ Déjà Vu 软件发展历程

(1) 1993 年,Atril 公司开发 Déjà Vu 软件,成为当时市场上首款基于 Windows 的计算机辅助翻译工具(CAT 工具)。

(2) 20 世纪 90 年代,Atril 作为行业先锋进行技术创新,成为 CAT 工具行业的标准。

(3) 2011 年,法国经销商投资,利用研发成果实施最佳产品开发并扩大商业开发,推出 Déjà Vu X2。

(4) 2012 年,推出 TEAMserver 解决方案。

(5) 2013 年,Atril 公司成立 20 周年。

(6) 2014 年,推出 Déjà Vu X3。

(7) 2015 年,进入中国市场,与西安合作伙伴开始合作。

(8) 2017 年,与上海环江电子科技有限公司团队签署中国全区独家总代理协议。

❸ **Déjà Vu 软件版本**

(1) Déjà Vu X3 专业版。

Déjà Vu X3 专业版具有高度集成特性,其集成计算机辅助翻译功能以及机器翻译功能。具有的功能包括从基本翻译项目的创建,到术语库、翻译记忆库及对齐文件的创建及管理,集 87＋种文件类型、模糊匹配修复等功能于一体,适用于自由译者、项目成员内部、校对者和评审者(图 2-1)。

图 2-1　Déjà Vu X3 专业版图标

图 2-2　Déjà Vu X3 工作组版图标
(本图与图 2-1 颜色不同)

(2) Déjà Vu X3 工作组版。

Déjà Vu X3 工作组版客户端具备专业版客户端的所有功能,并具有项目分割与分派,项目文件包的创建、导出与导入等翻译项目管理功能,适用于项目经理、本地化管理者和翻译团队(图 2-2)。

(3) TEAMserver 服务器版。

TEAMserver 服务器版具有浮动许可池、翻译库和术语库及 Web 管理,方便管理用户和数据库(图 2-3)。

图 2-3　TEAMserver 服务器版图标

❹ **Déjà Vu 软件发展状况**

Déjà Vu X3 是当今计算机辅助翻译领域的主流软件之一,其客户包括微软、英特尔、沃尔玛、新浪、华为、中兴、广州石化等,拥有全球 4 万多企业级用户,占有该领域较高的市场份额。同时,全球有超过 200 家高校使用 Déjà Vu X3 建设了计算机辅助翻译实验室。Déjà Vu X3 保持较高的市场占有率。

❺ **Déjà Vu 软件主要功能**

(1) 集翻译项目管理、翻译编辑、翻译记忆库管理、术语库管理、语料对齐、质量保证功能等于一体。

(2) 具备灵活的导出功能。在导出双语 Word 文件时,可以直接排除锁定重复的句子和完全匹配的句对,且在导出时可以去掉所有标记。

(3) 集成多款世界主流的机器翻译引擎接口,包括 Google 机器翻译引擎、My Memory 机器翻译引擎、微软机器翻译引擎和百度机器翻译引擎等,提供高效的机器翻译译后编辑环境。

(4) 具备高级项目浏览器,能分级浏览计算机本地和当前项目的文件夹和多格式文件结构,为大型翻译项目(特别是文档本地化项目)中的文档管理提供极大的便利。

（5）具备资源压缩工具，能对翻译项目、翻译记忆库、术语库和筛选器进行压缩，以回收项目、翻译记忆库、术语库和筛选器中不再使用的空间，提高项目、翻译记忆库和术语库的性能。

（6）具备资源修复工具，能修复已损坏的项目、翻译记忆库和术语库文件，以避免不必要的数据损坏和丢失。

（7）具有模糊匹配修复、深度挖掘统计提取、片段汇编等特色功能。

二、软件安装

图 2-4　视频 1：DéjàVu
软件安装

Déjà Vu 软件可以从其官方网站（www. atril. com）下载，也可在其他平台下载，或者扫描图 2-4 二维码下载最新版本。安装文件时直接双击安装包文件即可。具体步骤如下。

（1）在 Atril 官网下载 Déjà Vu X3 安装文件。

（2）安装前确保关闭所有杀毒软件。

（3）在下载的文件夹里找到安装包，双击运行（图 2-5）。

图 2-5　双击运行安装包

（4）点击"Next"进行下一步（图 2-6）。

图 2-6　点击"Next"进行下一步

（5）选择"I accept the terms in the license agreement"（"我接受许可证协议"），才能进行下一步（图 2-7）。

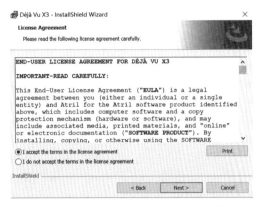

图 2-7　选择"我接受许可证协议"

（6）填入软件的用户信息，即姓名和机构名称。填写时可以用缩写，试用者也可以不填（图 2-8）。

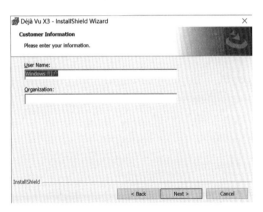

图 2-8　填入软件用户信息

（7）选择安装模式。这里选择"Complete"模式（图 2-9）。

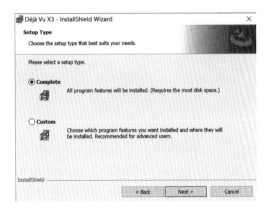

图 2-9　选择"Complete"模式安装

(8) 单击"Install"进行安装(图 2 - 10)。

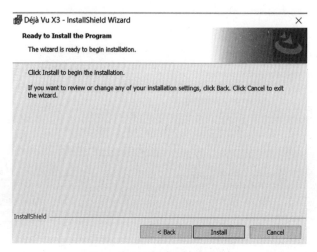

图 2 - 10　单击"Install"安装

(9) 在安装过程中,如果系统中缺少 Windows 的 . NET. Framework 运行环境,软件会自动联网下载并安装。在. NET 环境安装好之后,Déjà Vu X3 安装会继续直到完成(图 2 - 11)。

图 2 - 11　在 Windows 的. NET 环境完成安装

三、软件使用

❶ 主要功能

　　Déjà Vu 软件具有高度集成的翻译环境,集翻译项目管理(图 2 - 12)、翻译记忆库管理(图 2 - 13)、术语库管理(图 2 - 14)、语料对齐(图 2 - 15)功能等于一体。

图 2-12　翻译项目管理功能

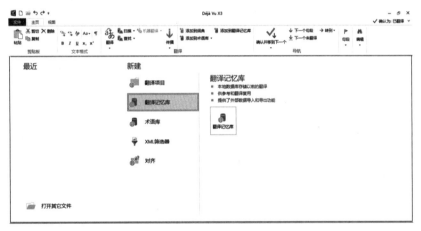

图 2-13　翻译记忆库管理功能

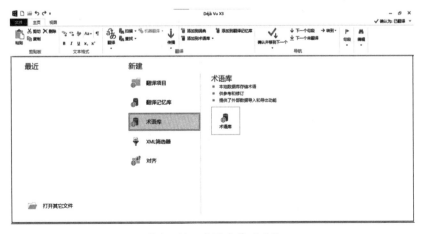

图 2-14　术语库管理功能

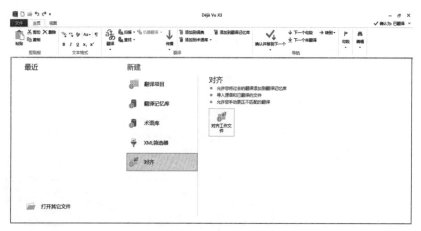

图 2-15　语料对齐功能

Déjà Vu 软件集成了多款世界主流的机器翻译引擎接口,包括 Google 机器翻译引擎、My Memory 机器翻译引擎、微软机器翻译引擎和百度机器翻译引擎等,能提供高效的机器翻译译后编辑环境,大大提高了翻译效率。

翻译完成后修改错误翻译时,可以使用翻译引擎进行机器修改翻译(图 2-16),也可以进行手动修改。

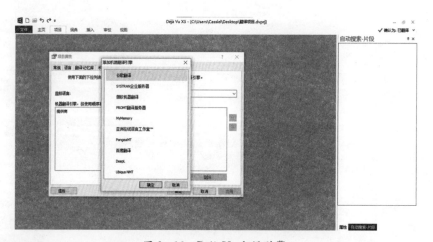

图 2-16　Déjà Vu 翻译引擎

❷ 创建翻译记忆库和术语库

创建翻译记忆库可扫描图 2-17 二维码观看视频。

(1) 新建翻译记忆库。

方法 1:在应用首页点击"翻译记忆库"(图 2-18)。

方法 2:在顶部菜单栏点击"文件",在左侧菜单栏点击"新建",点击翻译记忆库(图 2-19)。

图 2-17　视频 2:创建
翻译记忆库

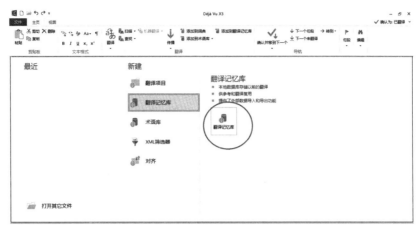

图 2-18 新建翻译记忆库方法 1

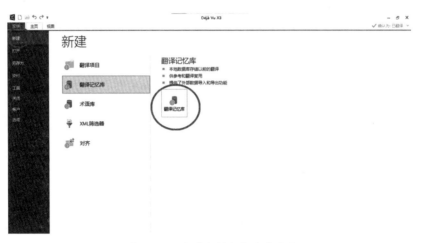

图 2-19 新建翻译记忆库方法 2

（2）选择存储位置。点击"浏览"，在下方"文件名"处为翻译记忆库重命名，点击"确定"。再点击"保存"，则翻译记忆库创建成功（图 2-20）。

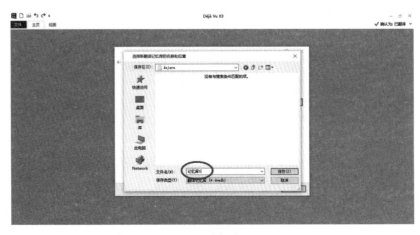

图 2-20 选择存储位置

创新翻译记忆库之后,需要导入对齐文件。

(1)创建对齐工作文件。在顶部菜单栏点击"外部数据",点击"对齐"。再点击"创建一个新的对齐工作文件",选择对齐文件存储位置,后续操作同上(图2-21)。

图2-21 创建对齐工作文件

(2)导入源语和目标语文件。分别点击"添加",选择准备好的源语和目标语文件。注意文件语言与选择语言要对应。

(3)调整属性与检查。用光标分别单击文件框里的源语文件与目标语文件,点击"属性",分别勾选"防止句段切分",点击"下一步"。跳转到对齐页面后,可滑动光标逐项检查是否对齐。若未对齐,则可能是漏选"防止句段切分",建议从前一步骤重新开始(图2-22)。

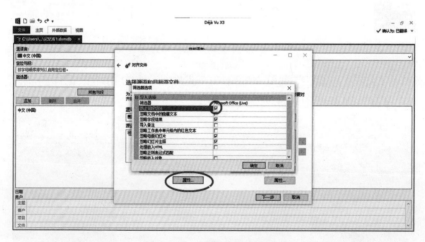

图2-22 调整属性与检查

若是因其他问题而导致未对齐,可通过下方操作栏进行操作(图2-23)。

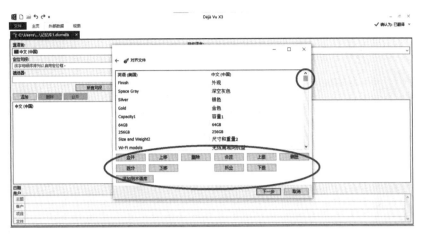

图 2-23 对齐文件

若已全部对齐,点击两次"下一步",再点击"关闭",则成功将对齐文件导入记忆库中。
创建翻译术语库的操作步骤与创建翻译记忆库的操作步骤相同。

❸ 创建项目

(1) 创建项目有两种方法。

方法 1:点开软件后,点击菜单栏的"主页"后,出现"新建",此时点击"翻译项目",选择"翻译项目"下的"项目",选择"下一步"(图 2-24)。

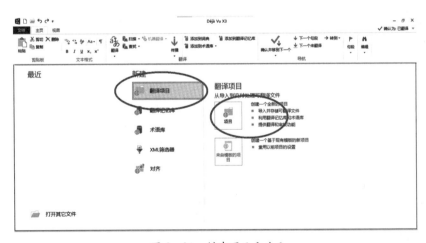

图 2-24 创建项目方法 1

方法 2:点开软件后,点击菜单栏的"文件",再点击"新建",此后步骤与上述一致(图 2-25)。

(2) 给项目命名,选择存放位置,选择"下一步"(图 2-26)。

(3) 选择要翻译项目的源语言和目标语言,选择"下一步"(图 2-27)。

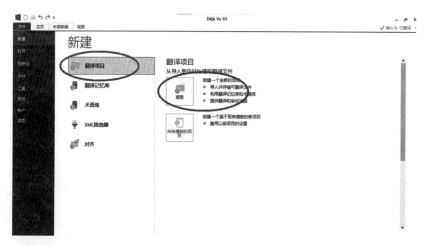

图 2-25　创建项目方法 2

图 2-26　给项目命名

图 2-27　选择源语言和目标语言

（4）添加之前做好的翻译记忆库和术语库，选择"下一步"。

注意：部分电脑在第一次新建项目时"添加"按钮为灰色，可先继续选择"下一步"。在稍后的"翻译界面"中点击"项目"，选择"属性"选项，选择"翻译记忆库"，选择"本地翻译记忆库"，再依次选择"术语库"和"机器翻译"进行调整。最后点击右下角的"确定"按钮即可完成调试。

（5）选择机器翻译，选择"下一步"。扫描图2-28二维码可观看视频。

图2-28 视频3：添加翻译记忆库和术语库

（6）此时弹出客户和主题界面，可填上此次项目的客户名和主题，并选择"下一步"（图2-29）。

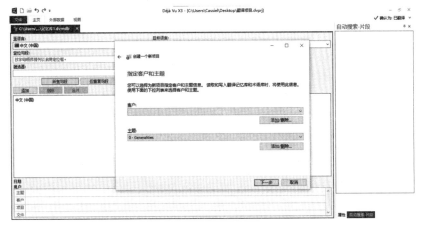

图2-29 填入客户名和主题

（7）点击"添加"，导入翻译项目的语言文件，导入后点击该项目（图2-30）。再点击下方的"属性"，在弹出的选项中把"防止句段切分"勾选上（图2-31）。因为该软件有时会切分中英文句段，打乱语句的顺序。再点击"确定"，选择"下一步"。

图2-30 添加翻译项目的语言文件

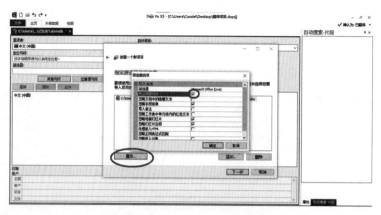

图 2-31　防止句段切分

　　(8) 源语文件导入成功，出现翻译界面，此时可以点击菜单栏"主页"。再点击附属菜单栏出现的"确认并移到下一个"(或者是按【Ctrl】＋下移键)，可以一步步地确认翻译出的结果是否正确(图 2-32)。或点击菜单栏的"项目"，再点击附属菜单出现的"预翻译"(图 2-33)，此时可以将整个文本的翻译完成。

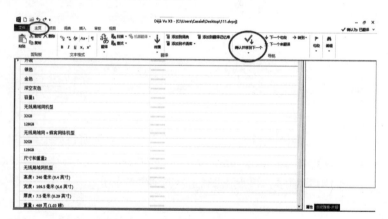

图 2-32　在翻译界面确认翻译结果

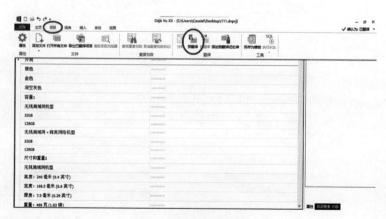

图 2-33　预翻译完成

（9）导出单语翻译结果。点击菜单栏的"项目"，再点击附属菜单的"导出已翻译项目"，给翻译重命名和选择储存路径（图 2-34）。

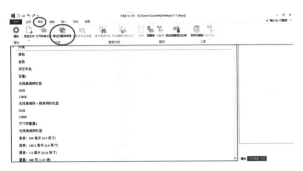

图 2-34　导出已翻译项目

（10）导出双语翻译结果。点开软件后，点击菜单栏的"文件"，出现附属菜单，点击"共享"→"导出"→"双语 RTF"，即可导出双语译文（图 2-35）。

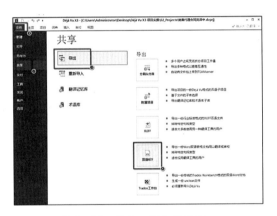

图 2-35　导出双语翻译结果

四、操作练习

练习题 ························

扫描图 2-36 二维码，下载练习材料。在电脑桌面文件夹下打开 Déjà Vu 文件夹里的"ipad（第六代）-技术规格中文"。请按如下要求完成机器翻译：

（1）建立翻译记忆库；

（2）建立术语库；

（3）使用机器翻译并辅以翻译记忆库和术语库完成翻译任务；

（4）导出译文的单语文本和双语版本。

图 2-36　练习 1：Déjà Vu 软件操作练习

❶ 建立翻译记忆库

☞微步骤

（1）点击"文件"选项卡→"新建"。点击"记忆库"选项，为翻译记忆库命名。例如，命名为"记忆库1"并选择保存位置，点击"保存"然后关闭。

（2）点击"外部数据"选项卡→"对齐"→"创建一个新的对齐工作文件"。为文件命名（如"文件1"）并选择保存位置。点击"下一步"。点击源语言选项下的"添加"，选择所给文件夹练习文档下的"iPad mini（第5代）-技术规格中文"。点击目标语言选项下的"添加"，再选择所给文件夹练习文档下的"iPad mini（第5代）-技术规格英文"。

（3）点击源语言"文件"，点击"属性"→"防止句段切分"→"确定"。在目标语言选项下重复上述操作。点击"下一步"，浏览对齐文件并确定是否对齐，点击"下一步"后再点击"下一步"，然后关闭。

❷ 建立术语库

☞微步骤

点击"文件"选项卡→"新建"。点击"术语库"选项，为术语库命名（如"术语库1"）并选择保存位置，点击"下一步"然后关闭。

❸ 新建翻译项目

☞微步骤

（1）点击"文件"→"新建"→"翻译项目"，为项目命名并选择保存位置。源语言选择中文，可用语言选项下选择"英语"（美国）→"添加"。

（2）指定源文件→"添加"，选择所给文件夹练习文档下的"iPad（第6代）-技术规格中文"→"打开"→"下一步"，项目创建之后关闭。

点击"文件"→"项目"。点击"属性"选项，选择"翻译记忆库"→"本地翻译记忆库"。

（3）点击"记忆库1"→"打开"。然后点击"术语库"→"本地术语库"，并选择"术语库1"。点击"打开"→"应用"→"确定"。保存位置，点击关闭。

❹ 使用机器翻译并辅以翻译记忆库和术语库完成翻译任务

☞微步骤

（1）点击"项目"选项→"属性"。点击"机器翻译"选项→"添加"。然后选择选项卡中的"My Memory"→"确定"，分别输入所给"机器翻译"文件中的用户名和秘钥，点击"应用"→"确定"。

（2）点击"项目"→"预翻译"，勾选"由片段汇编"和"使用机器翻译"，点击"确定"然后关闭。

（3）点击"审校"→"批质量检查"，点击"确定"然后关闭。（注意：部分电脑因配置问题，该应用可能为灰色。）

❺ 导出译文的双语版本和单语版本

☞微步骤

（1）点击"项目"→"导出已翻译项目"，选择导出译文的保存位置，然后点击"确定"。如有错误标记选项弹出,则对错误进行修正。

（2）到上一步选择译文保存的位置,找到翻译成功的译文并导出。

五、使用答疑

❶ 没有翻译插件或者安装不了插件怎么办?

该软件无法使用外部插件,需要联网使用机器翻译。为了翻译的准确性,机器翻译可以导入多个,如谷歌翻译、百度翻译等。

❷ 为什么一打开这个软件就会卡死,导致电脑无法运行? 这个软件是否要杀毒?

该软件挑选电脑机型,电脑运行速度慢会导致卡死等问题。建议使用运行快、内存大的电脑,不建议将安装包存放在 C 盘。

❸ 从外部数据导入文件时,找不到 Excel 对齐文档怎么办?

这与电脑机型有关。在一些电脑中无法保存对齐文档,可以尝试更换机型,或者在 Excel 文档中手动对齐。

❹ 预翻译之后如何修改译文?

点击审校可进行批量质量检查,可手动修改译文。随后即可导出并保存译文。

第三章　ABBYY Aligner 软件

一、软件介绍

❶ ABBYY Aligner 软件

（1）性质。ABBYY Aligner 软件是由俄罗斯 ABBYY 公司推出的一款功能强大的双语对齐工具，即计算机翻译辅助软件。它能够根据设置自动实现双语对齐，提供高精确度的对齐文本；可选定多个单元格进行批量操作，提高工作效率；还具有统计功能，可以显示对齐总数、已经完成或错误的内容，方便查看对齐处理的结果。

（2）功能。

① 高质量的平行文本对齐。ABBYY Aligner 软件能够找到相似的匹配部分，得出精确的对齐文本。通过使用软件开发者专门开发的词汇数据库，会将两个语言文本分成一些片段，在文本中搜索意思一致或者相似的句子，找到匹配的句子后按顺序将其完成匹配，操作者可以根据需要选择合并或拆分对齐文本。

② 552 个翻译方向。ABBYY Aligner 软件提供了欧洲最受欢迎的 24 种语言以及总共 552 种可行的翻译方向的平行对齐服务。

③ 提供各种文件格式。ABBYY Aligner 软件提供各种最普遍和最受欢迎的文件格式，其中默认导出保存的格式为"tmx"格式文件。"tmx"格式（翻译记忆可变换格式）是被所有的翻译记忆系统支持的国际标准格式。当保存格式为"tmx"格式时，可以在其他应用程序上被重新打开和使用。

❷ Heartsome TMX Editor 软件

（1）性质。Heartsome TMX Editor 软件是一款翻译记忆库编辑软件，能够查看和编辑 TMX 格式文件，批量整理翻译记忆库中的标签以及保证翻译记忆库的质量，还可显示编辑的时间及操作者，实时查看编辑的结果。

（2）功能。

① 编辑"tmx"格式文件。

② 将"tmx"格式转换为"docx"、"xlsx"、"txt"、"tbx"和"hstm"格式。

③ 将"docx"、"xlsx"、"txt"、"tbx"和"hstm"格式转换为"tmx"格式。

④ 质量检验。Heartsome TMX Editor 软件通过生成 QA 报告并允许用户根据 QA 结果编辑"tmx"格式文件,为"tmx"格式文件提供 QA 功能。

二、软件安装

❶ ABBYY Aligner 软件安装

ABBYY Aligner 软件个人版尚未在中国发布。如果有需要,可自行购买(图 3-1)。

官网网址:https://www.abbyy.cn/。

图 3-2　ABBYY Aligner
试用版软件
压缩包

图 3-1　ABBYY Aligner 个人版

本课程提供试用版软件压缩包用于教学需要(图 3-2)。注意:本软件仅供教学交流,严禁商用。

具体安装步骤如下:

(1) 解压压缩包。

(2) 打开解压后的文件,双击运行ABBYY Aligner 软件(图 3-3)。

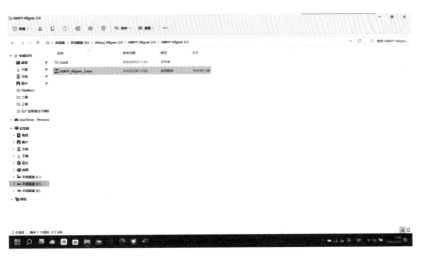

图 3-3　ABBYY Aligner 试用版

(3) 按照顺序点击下面的按钮:Install→Yes to All→OK→I accept...→Next→Install→Finish,如图 3-4 至图 3-9 所示。

图 3-4　ABBYY Aligner 试用版安装 1

图 3-5　ABBYY Aligner 试用版安装 2

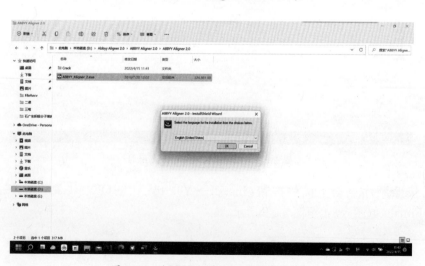

图 3-6　ABBYY Aligner 试用版安装 3

图 3 - 7　ABBYY Aligner 试用版安装 4

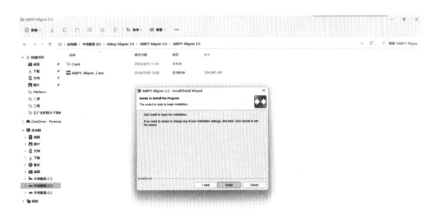

图 3 - 8　ABBYY Aligner 试用版安装 5

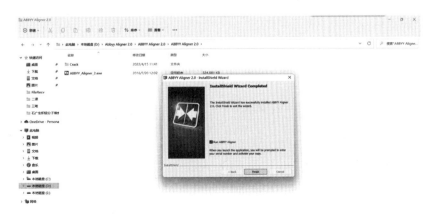

图 3 - 9　ABBYY Aligner 试用版安装 6

（4）创建桌面快捷方式。点击 Windows，找到所有应用中最近添加、刚刚下载的
Aligner（图3-10），右键点击 Aligner→更多→打开文件夹位置→弹出文件夹，右键复制
Aligner，并粘贴到桌面（图3-11）。

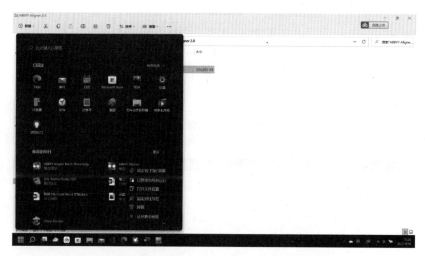

图3-10　在 Windows 应用中找到 Aligner

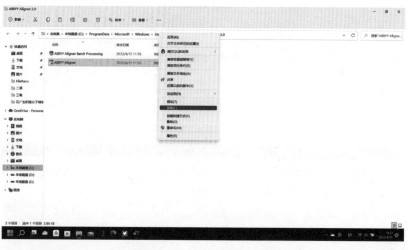

图3-11　复制、粘贴到桌面

❷ Heartsome TMX Editor 软件安装

本教程提供 HSTMXEditor_8_0_0_Win_x64_JRE 压缩包（图3-12）用于教学需要（图
3-13）。注意：本软件仅供教学交流，严禁商用。

双击 Heartsome TMX Editor. exe 文件，即可打开并使用本软件（图3-14）。

图 3 - 12　HSTMX Editor_8_0_0_Win_x64_JRE 压缩包

图 3 - 13　资料 2：Heartsome
TMX Editor 软件
压缩包

图 3 - 14　Heartsome TMX Editor. exe 文件

三、软件使用

（1）打开 ABBYY Aligner 软件，点击工具栏"New"按钮，新建一个项目。

（2）设置源语言和目标语言，单击语言字段右边的文件夹图标，分别添加源语言和目标语言文件（图 3 - 15）。

（3）分别添加好文件后，点击工具栏"Align"按钮（图 3 - 16）。

（4）如果要将单元格内容合并，选中需要合并的单元格，点击工具栏"Merge"按钮（图 3 - 17）。

简明计算机辅助翻译软件学生操作手册

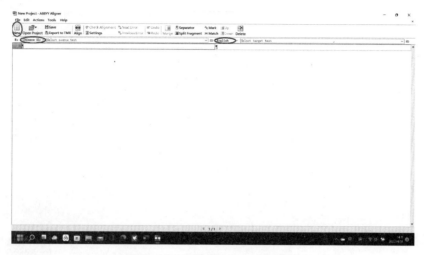

图 3-15　添加源语言和目标语言

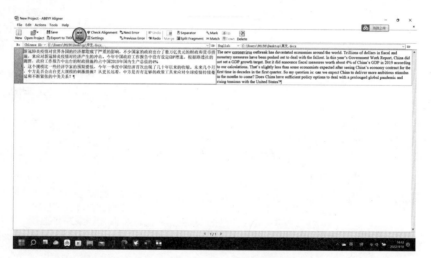

图 3-16　点击工具栏"Align"

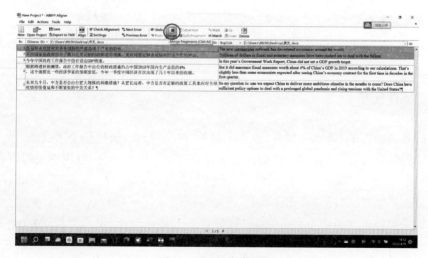

图 3-17　合并单元格

（5）如果要将单元格内容分开，将光标放到要换行的位置，点击工具栏"Split Segment"按钮（图 3 - 18）。

图 3 - 18　分开单元格

（6）如果需要上下移动单元格的位置，将光标移到该单元格内并点击工具栏"Up"或"Down"按钮（图 3 - 19）。

图 3 - 19　上下移动单元格

（7）点击"Export to TMX"，导出文件（图 3 - 20）。

（8）打开 Heartsome TMX Editor 软件，点击工具栏"File"下的"Open TMX File"，对需要更改的地方进行修改（图 3 - 21）。

（9）点击图示按钮导出（图 3 - 22）。

图 3-20　导出文件

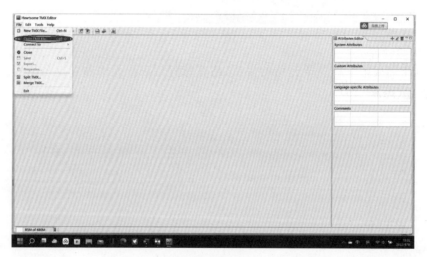

图 3-21　内容修改

图 3-22　内容导出

（10）点击图示按钮"Add"加入想要导出的文件，通过"Convert to"选择导出文件的类型、"Browse"选择导出文件的储存路径（图 3－23）。

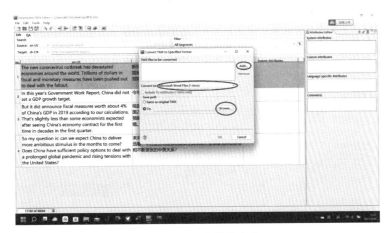

图 3－24　视频 4：Heartsome TMX Editor 软件使用

图 3－23　确定导出文件

上述视频教程可扫描图 3－24 二维码观看。

四、操作练习

练习题 ⋯⋯⋯⋯⋯⋯⋯⋯⋯⋯⋯⋯⋯⋯⋯⋯⋯⋯⋯⋯⋯⋯⋯⋯⋯⋯⋯⋯⋯⋯⋯⋯⋯●

假如你是中国日报社双语新闻编辑，主编要求你在微信公众号上推送一篇新闻报道，中英文文稿均已写好。请使用双语对齐软件 ABBYY Aligner 以及文本转换软件 Heartsome TMX Editor 处理中英文文稿，对文章进行双语排版。

请按如下要求，完成推文的排版：

（1）打开 ABBYY Aligner 软件，新建一个项目。

（2）设置源语言和目标语言，导入源语言文件和目标语言文件。

（3）进行双语对齐处理，调整中英文文本使段落一一对齐。

（4）导出双语对齐的文件。

（5）打开 Heartsome TMX Editor 导入文件。

（6）导出文件，文件导出为"Word. docx"格式。

（7）打开文件，将表格转换为文字格式。

微步骤

（1）打开 ABBYY Aligner 软件。

（2）单击工具栏"New"按钮，新建一个项目。

（3）在"no"选项栏将"select source text"设置为"English"，将"select target text"设置为"Chinese simplified"。

（4）扫描图 3-25 二维码获取英文文本,将其复制并粘贴到"select source text"下侧文本框中。

（5）扫描图 3-26 二维码获取中文文本,将其复制并粘贴到"select target text"下侧文本框中。

图 3-25　练习 2:ABBYY Aligner 软件　　图 3-26　练习 3:ABBYY Aligner 软件
　　　　　操作练习 1　　　　　　　　　　　　　　　操作练习 2

（6）单击工具栏"Align"按钮。

（7）单击工具栏"Export to TMX"导出"tmx"格式文件。

☞ 微步骤

（1）打开 Heartsome TMX Editor 软件。

（2）单击工具栏蓝色箭头的导出图标。

（3）单击"Add"添加之前导出的"tmx"格式文件。

（4）在"Convert to"处选择导出文件的类型为"Microsoft Word Files（＊.docx）"。

（5）在"Browse"处选择导出文件的储存路径,点击"OK"选项。

☞ 微步骤

（1）打开"Word.docx"格式的文件。

（2）全选表格,单击工具栏"布局"选项。

（3）单击"转换为文本",点击"确定"。

（4）单击"文件","保存"选项。

🖱 五、使用答疑

❶ 为什么选择 ABBYY Aligner 软件的英文版?

ABBYY Aligner 软件有英文版和俄语版两个官方版本,汉化版为破译版。俄语版大部分学生无法看懂;汉化版非正版软件;英文版界面理解难度不大,软件操作较为简单。

❷ 我能对齐单个同时包含中英文的文档吗?

不能。ABBYY Aligner 软件只支持双文档对齐,而不支持单文档对齐。

❸ 文本全选容易中断怎么办?

在文本开头左击,在末尾按住【shift】后再次左击,即可轻松选中长文。

❹ 为什么要用 Heartsome TMX Editor 软件打开"tmx"格式文件?

这样做方便查找和修改"tmx"格式的文件,同时可以导出其他文件格式(如"docx"),而 ABBYY Aligner 软件仅为文档对齐软件。

第四章　Snowman CAT 软件

一、软件介绍

❶ Snowman CAT 软件

Snowman CAT 软件是佛山市 Snowman 计算机有限公司自主研发的辅助翻译产品。该软件充分利用计算机技术减少翻译工程中的重复劳动,提高工作效率和实现翻译资料的自动积累。

Snowman CAT 软件目前支持的语种有中英、中俄、中日、中西、中法、中德、中韩。该软件内嵌入"在线词典"和"在线翻译",用鼠标划选原文中的生词,就能从在线词典中获取该词的译法和用法信息。Snowman CAT 软件将本地术语与在线翻译相结合,进一步提高了在线翻译译文的质量,译者在此基础上修改可以减少打字的工作量。Snowman CAT 软件简化了记忆翻译的概念及操作,将术语库、记忆库等全部打包在一个叫做"翻译项目"的项目文件中,其集成性和工作组管理性能优于其他软件,能够使译者在短时间内掌握计算机辅助翻译软件的使用方法。

❷ Snowman CAT 软件特色

(1)简单易用、速度快。Snowman CAT 软件支持超过千万的词典,支持百万句的记忆库,记忆库的搜索速度超过 50 万句/秒。

(2)支持两种翻译界面。Snowman CAT 软件具有左右表格对照界面:原文、译文以左右对照的表格方式排列;具有单句输入界面:可预览原文与译文,自动取词翻译。两种翻译界面可以随时切换。

(3)嵌入在线词典和在线翻译。用鼠标划选原文中的生词后,立即显示在线词典的解析。Snowman CAT 软件将本地术语与在线翻译相结合,能够进一步提高在线翻译译文的质量。

(4)双语对齐,快速创建记忆库。Snowman CAT 软件具有高效的双语对齐工具,能够快速将双语资料转换为可用于翻译工作的记忆库。

(5)质量检查保证译文高质量。Snowman CAT 软件能够对拼写、漏译、错别字、术语统一、一句多译、数字符号等进行校验检查。

（6）拥有 Snowman CAT 网络协作平台。这一网络协作平台能够为翻译团队提供实时的记忆库、术语库共享，并提供文档管理和团队成员间的即时通讯功能，真正做到翻译与审校同步。

❸ Snowman CAT 软件版本

（1）Snowman CAT 绿色免费版。免费版自带 30 万词汇，用户还可以导入自己的词库。此外，Snowman CAT 软件具有在线词典功能，鼠标划选即可显示查询结果，如果需要亦可马上加入自己的词库。

免费版主要是对所支持的原文文件格式、所配有的专业词典等有所限制，只能翻译原文是"txt"格式的文件，不支持 Word 等其他格式的文件。它主要适用于非专职翻译工作者的日常翻译工作。

（2）Snowman CAT 标准版。标准版的功能更加强大，支持 Word、Excel、PPT 等更多格式的翻译文档；系统自带 60 多个专业的词汇，词汇总量超过千万；对每一句原文提供机器自动翻译结果以供参考。标准版可以极大地提高翻译工作效率，适用于专职翻译工作者。

二、软件安装

（1）进入 Snowman CAT 软件官方网站 http://www.gcys.cn/（图 4-1）。

图 4-1　Snowman CAT 官方网站

（2）下滑到此页面，点击"马上下载雪人 CAT_绿色免费版试试"（图 4-2）。

（3）点击后进入页面（图 4-3），下滑到"免费版软件更新"页面，下载中英版，点击第二行雪人标志，下载安装包（图 4-4）。

图 4-2 下载 Snowman CAT 绿色免费版

图 4-3 进入下载页面

图 4-4 下载安装包

（4）安装包下载完成后进行解压。

（5）Snowman CAT 软件的免费版无需安装，解压即可运行。将文件解压后，双击"translation. exe"，运行 Snowman CAT 软件。

双击打开"雪人翻译软件"文件夹（图 4 - 5）。

图 4 - 5　打开"雪人翻译软件"文件夹

双击应用程序"translation. exe"（图 4 - 6），即可进入软件应用界面（图 4 - 7）。

图 4 - 6　双击应用程序

图 4 - 7　进入应用界面

（6）由于是免安装的软件，不写注册表，无需在桌面创建快捷方式图标。用户可以自己创建桌面快捷方式。

方法：在解压的目录下面，右键点击"translation. exe"文件，选择"创建快捷方式"功能（图 4 - 8），创建 Snowman CAT 软件的快捷方式（图 4 - 9），然后将这个快捷方式文件拖到桌面（图 4 - 10）。

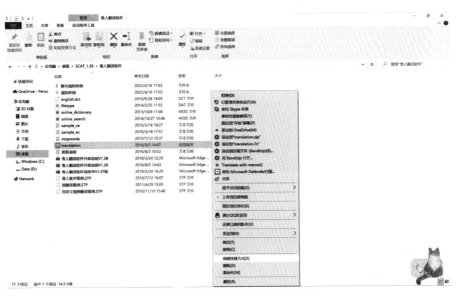

图 4 - 8　选择"创建快捷方式"功能

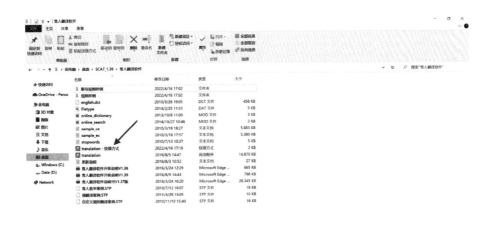

图 4 - 9　创建快捷方式

图 4-10　将快捷方式放到桌面

注意:不要直接将"translation. exe"文件拖到桌面来启动软件,这样会造成"在线词典"不能正常使用,应该在创建快捷方式后将其快捷方式拖至桌面。

三、软件使用

(1) 打开 Snowman CAT 软件(图 4-11)。

图 4-11　打开 Snowman CAT 软件

(2) 点击文件→新建→双语对齐项目(图 4-12)。

(3) 点击双语对齐项目之后,出现"项目设置-英译中"窗口(图 4-13)。

(4) 选择"用户词典",点击"sample_ec. dic",点击"确定"(图 4-14)。

图 4-12　新建双语对齐项目

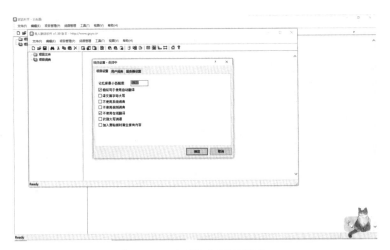

图 4-13　出现"项目设置"窗口

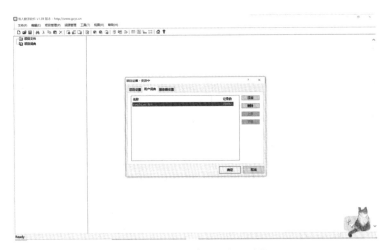

图 4-14　选择"用户词典"

(5) 用鼠标右键点击项目文件,选择导入文件(图 4-15)。

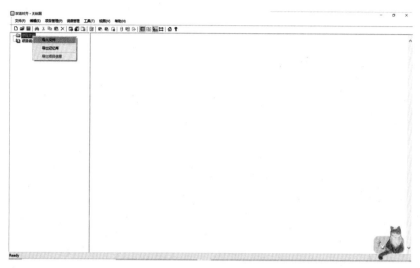

图 4-15 选择导入文件

(6) 点击导入文件后,点击出现在页面中的"读入英文"(找到英文文档导入),再点击"读入中文"(找到中文文档导入)(图 4-16)。

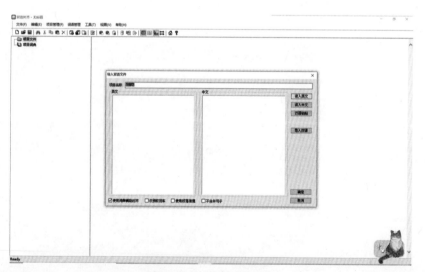

图 4-16 导入双语文件

(7) 文件导入完成之后点击确认(图 4-17)。

(8) 之后会出现双语对齐文本页面(图 4-18)。

上述步骤(1)至(8)的视频教程可扫描图 4-19 二维码观看。

图 4-17 确认文件导入

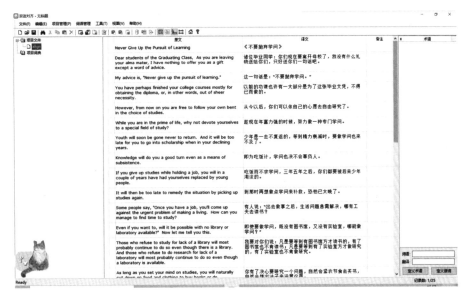

图 4-18 双语对齐

图 4-19 视频 5:Snowman CAT 软件使用 1

（9）将不对齐的双语文本对齐，直接剪切到对应位置（图 4-20）。

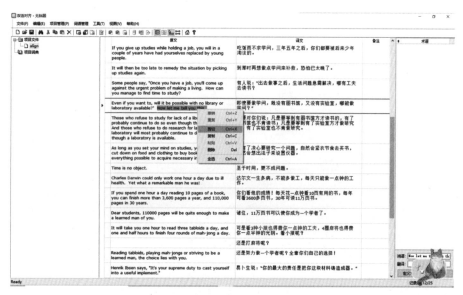

图 4-20 将不对齐的双语文本对齐

（10）用鼠标右键点击项目文件→align→导出记忆库（图 4-21）。

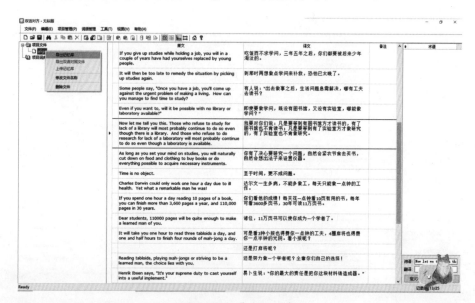

图 4-21 导出记忆库

（11）任意命名文件名，注意记忆库的保存类型为"stm"格式（图 4-22）。

（12）在双语对齐文本中，点击"对应术语"，点击"定义术语"（图 4-23）。

（13）点击文件，并点击"保存"（图 4-24）。

图 4 - 22　保存导出记忆库文件

图 4 - 23　点击"定义术语"

图 4 - 24　保存定义术语

（14）保存文件时注意保存类型为"stp"格式，方便下次直接导入使用（图4-25）。

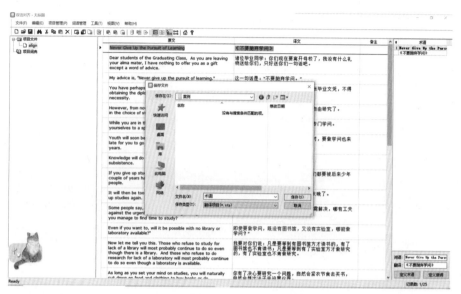

图4-25　保存文件

上述步骤(9)至(14)的视频教程可扫描图4-26二维码观看。

图4-26　视频6：Snowman CAT软件使用2

（15）创建记忆库之后，可以进行相关项目的翻译，选择文件→新建→英译中项目（图4-27）。

图4-27　选择"英译中项目"

（16）点击"用户词典"，点击"sample_ec.dic"（图4-28），点击"记忆库设置"，添加前面建好的记忆库，点击"确定"（图4-29）。

图 4-28　点击"用户词典"

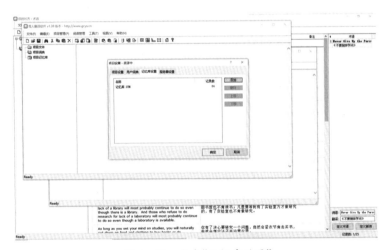

图 4-29　点击"记忆库设置"

（17）在桌面新建文本文档，把英文文档里的内容复制粘贴到文本文档（图 4-30）。

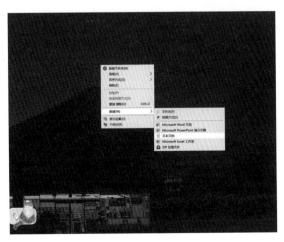

图 4-30　新建文本文档

(18) 保存文本文档(图 4 - 31)。

图 4 - 31　保存文本文档

(19) 点击"项目文件",导入文件,找到文本文档并打开(图 4 - 32)。

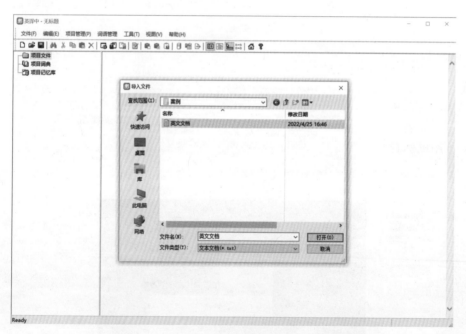

图 4 - 32　打开文本文档

(20) 切换对照模式或单句模式(图 4 - 33)。

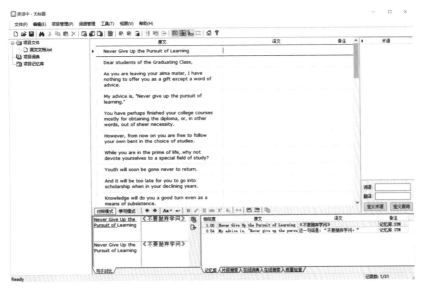

图 4-33　切换对照模式

上述步骤(15)至(20)的视频教程可扫描图 4-34 二维码观看。

图 4-34　视频 7：Snowman
CAT 软件使用 3

四、操作练习

例　自动翻译替换(内容相似)

☞ 微步骤

(1) 用鼠标右键点击"项目文件",并点击"导入文件"(图 4-35)。

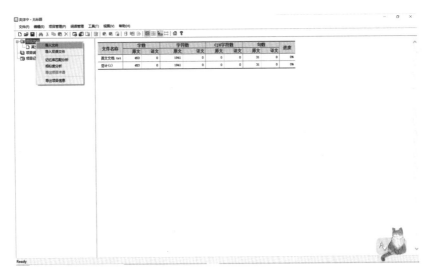

图 4-35　导入文件

简明计算机辅助翻译软件学生操作手册

(2) 选择相似文本文档(图4-36)。

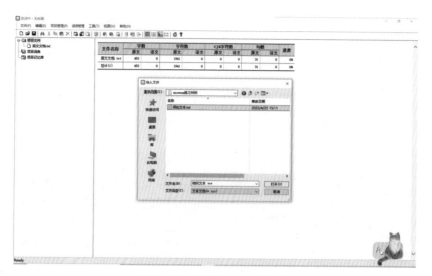

图4-36　选择相似文本文档

(3) 打开文档(图4-37)。

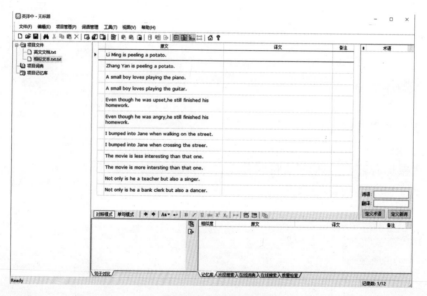

图4-37　打开文档

(4) 点击第一个句子右方译文区域,手动翻译此处句子。如遇需要查询的单词时,把鼠标光标放在单词上(如"potato"),下方会出现释义("马铃薯、土豆")(图4-38)。

(5) 点击释义,释义出现在右方译文区(图4-39)。

(6) 完成手动翻译第一个句子后,将"Li Ming"定义为术语,人名等专有名词,Snowman CAT软件无法识别翻译(图4-40)。

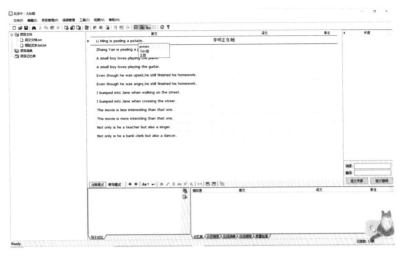

图 4-38 手动翻译

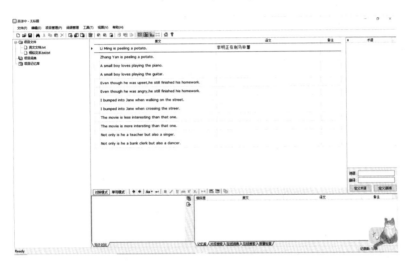

图 4-39 点击释义

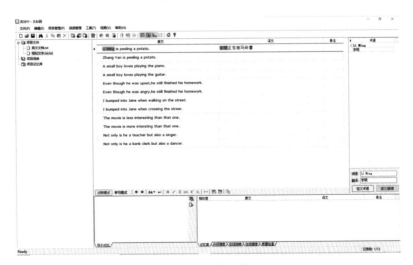

图 4-40 定义术语

（7）点击下一个需要翻译的句子译文区域，对照模式下方出现译文。点击 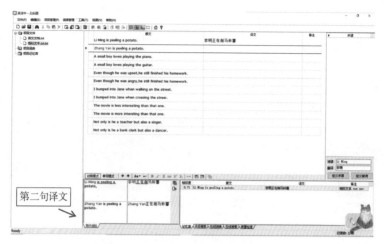 后，译文出现在译文区（图4-41）。

图4-41　出现译文

（8）点击 ，将译文拷贝到右方译文区。译文与原文出现不对应的情况时，需要手动调整。若点击下一句时没有出现译文，需要观察前一句是否出现了固定搭配/术语，并将其定义为术语（图4-42）。

图4-42　拷贝译文

（9）手动修改译文区出现的"Zhang Yan"为"张燕"（例），并将其定义为术语库（图4-43）。

（10）重复手动翻译步骤后，点击下一个需要翻译的句子。由于此句中没有专有名词，因此译文句子能被完整翻译（图4-44）。

（11）也可以用鼠标点击选择原文，然后点击"在线词典"（下方箭头指示）进行翻译（图4-45）。

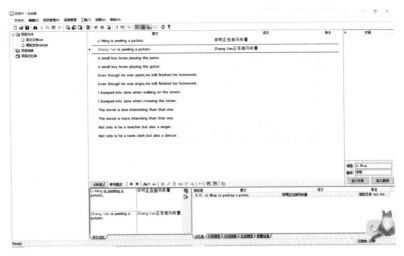

图 4 - 43　手动修改译文

图 4 - 44　重复手动翻译

图 4 - 45　点击"在线词典"翻译

（12）下拉（箭头指示）找到译文，然后通过复制、粘贴或手动输入译文（图4-46）。

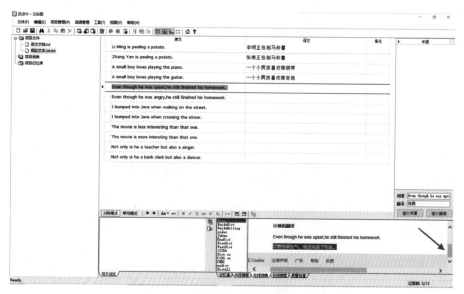

图4-46　找到译文后输入

（13）翻译完成后，点击 ▣（箭头指示）导出译文（图4-47）。

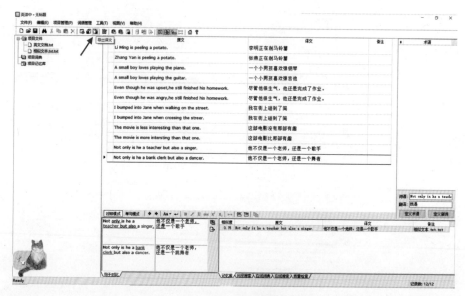

图4-47　导出译文

（14）选择保存位置并重命名，即可完成（图4-48）。
（15）译文导出效果显示（图4-49）。

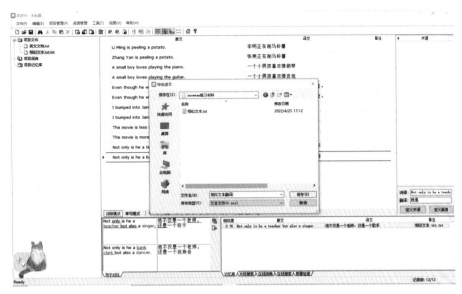

图 4-48　保存并重命名

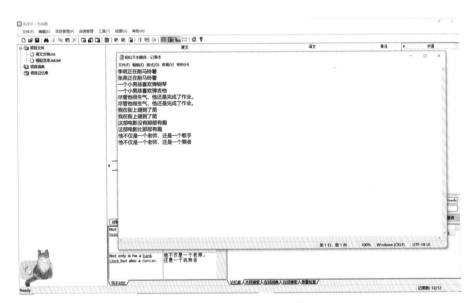

图 4-49　译文导出效果

上述自动翻译替换操作的视频教程可扫描图 4-50 二维码观看。

图 4-50　视频 8：自动翻译替换操作

📋 练习题 ··· •

　　通过上面的例子讲解,你学会如何使用 Snowman CAT 软件了吗? 动手试试看吧! 请扫描图 4 - 51 二维码获取练习文档。

图 4 - 51　练习 4:Snowman
CAT 软件操作练习

🖱 五、使用答疑

❶ Snowman CAT 软件免费版的词汇量有上限吗?

　　只要电脑内存足够,词汇量没有具体上限,一般在 32 位操作系统下可以支持 5 003 条词条。

　　建议不要直接导入太大量的词汇,超过 50 万条会影响工作效率。大型词库应该尽可能使用引用"添加"的方式。

❷ 为什么 Snowman CAT 软件免费版"在线词典"显示空白?

　　显示空白主要有以下两种原因:

　　(1) 没有在解压后的文件夹中运行,或者是把运行程序直接拖放到桌面,解决方法是在解压目录下运行或者在桌面建立快捷方式。

　　(2) 运行的操作系统不是中文版的操作系统,解决方法是把解压后的目录名"雪人翻译软件"改为"SCAT"就可以正常使用了。

第五章　　Memoq 软件

一、软件介绍

提到计算机辅助翻译工具，相信国内大多数语言学习者能脱口而出的就是"Trados"（塔多思）。SDL Trados Studio 是世界上最流行的计算机辅助翻译软件，占有全球最大的市场份额。但在百花齐放的 CAT 软件中，Memoq、Wordfast、Omega T、Déjà Vu 等工具同样有较高的普及度。Memoq 软件在全球市场占有率排名第二，在欧洲市场占有率排名第一，也越来越受中国译者欢迎。

Memoq 是 Kilgray 翻译技术有限公司出品的一款计算机辅助翻译软件。"Kilgray"名称来源于公司创始人 BalázsKis、István Lengyel 和 Gábor Ugray 名字的缩写。Kilgray 翻译技术有限公司是一家专为语言服务行业提供语言技术的公司，该公司成立于 2004 年，总部位于匈牙利。目前已有上千家翻译公司和企业使用 Kilgray 公司的翻译软件产品。

Memoq 软件界面友好，操作简单，将翻译编辑模块、翻译记忆库模块和术语库模块等统一集成在一个系统内。此外，Memoq 也是集成外部翻译记忆库、术语库最全的一款辅助翻译软件，凭借外部海量语言资产的接入，极大地提高了辅助翻译的效率，成为计算机辅助翻译软件的新兴力量。Memoq 软件在中国的发展势头极为迅猛，在短期内便成长为仅次于 SDL Trados Studio 的主流计算机辅助翻译软件。

与其他 CAT 软件相比，Memoq 软件具有不少特色功能。例如，它具备丰富的语料库（LiveDocs）功能、视图（View）功能、X-Translate 功能、片段提示（Muses）功能、网络搜索（Web Search）功能、项目备份（Backup）功能、版本历史（Version History）功能、快照（Snapshot）功能、单语审校（Monolingual Review）功能、语言质量保证（LQA）功能、语言终端（Language Terminal）功能、Web Trans 功能等。熟练应用这些功能能够有效保证翻译项目的顺利完成。

二、软件安装

扫描图 5-1 二维码，获取 Memoq 安装包及插件相关资料；扫描图 5-2 二维码，获取小牛在线翻译插件及操作练习材料。

软件安装可扫码图5-3二维码观看。

图5-1　资料3:Memoq软件安装包及插件

图5-2　资料4:小牛在线翻译插件及操作练习材料

图5-3　视频9:Memoq软件安装

（1）打开 Memoq 文件夹,双击"memoQ-Set up-9-4-7"安装(图5-4)。

（2）点击"OK"(图5-5)。

图5-4　双击"memoQ-Set up-9-4-7"安装

图5-5　点击"OK"

（3）点击"Next"(图5-6)。

（4）选择"I accept the agreement",点击"Next"(图5-7)。

图5-6　点击"Next"

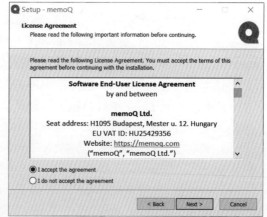

图5-7　选择"I accept the agreement"

（5）一直点击"Next",直到开始安装(图5-8),安装之后点击"Finish"完成(图5-9)。

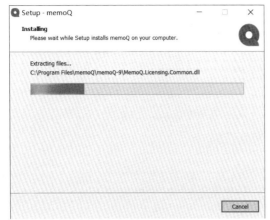

图 5 - 8　开始安装　　　　　　　　　　　　图 5 - 9　点击"Finish"完成

（6）复制文件夹中的"MemoQ. Collector. dll"，右键点击 Memoq 图标，点击"打开文件所在位置"，粘贴后点击"替换目标中的文件"（图 5 - 10）、"继续"（图 5 - 11）。

图 5 - 10　复制"MemoQ. Collector. dll"　　　　图 5 - 11　点击"继续"

（7）复制 Memoq 插件中的"MemoQ. NiuTransMTPlugin. dll"（图 5 - 12），右键点击 Memoq 图标，点击"打开文件所在位置"，找到"Addins"文件夹（图 5 - 13），打开并粘贴，点击"替换目标中的文件"（图 5 - 14）、"继续"（图 5 - 15）。

图 5 - 12　复制"MemoQ. NiuTransMTPlugin. dll"

图 5-13 找到"Addins"文件夹

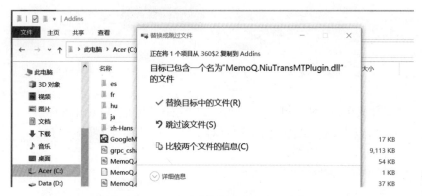

图 5-14 点击"替换目标中的文件"

图 5-15 点击"继续"

三、软件使用

图 5-16 视频 10:修改语言及新建项目

① 修改语言及新建项目

扫描图 5-16 二维码,可观看视频学习如何修改语言及新建项目。

(1) 打开 Memoq 软件之后出现图 5-17 所示页面,点击左上角第三个图标 ⚙️。

(2) 点击选择左侧栏目中的"Appearance",若有弹窗选择"No"(图 5-18)。

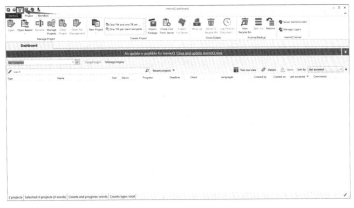

图 5-17 打开 Memoq 软件

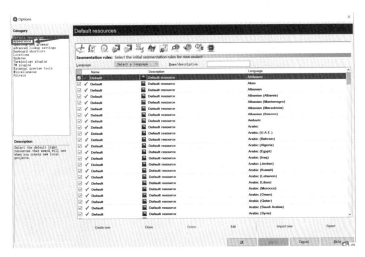

图 5-18 选择"Appearance"栏目

（3）在"English"一栏中下拉多个选项（图 5-19），选择"Chinese"（图 5-20），字号、字体等可自行选择（图 5-21）后，点击"OK"（图 5-22）。

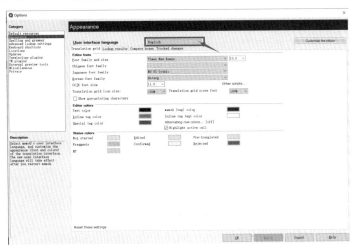

图 5-19 打开"English"栏目

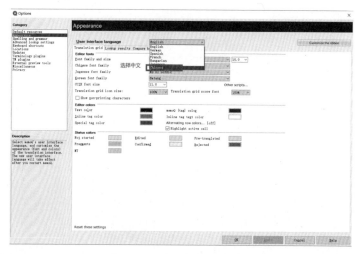

图 5-20　选择"Chinese"选项

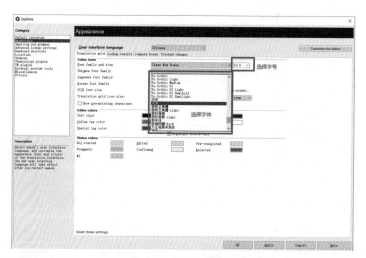

图 5-21　选择字号、字体

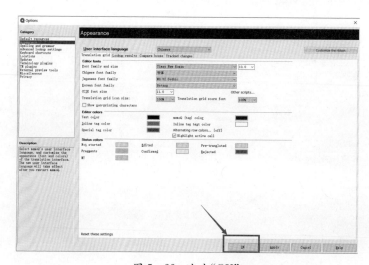

图 5-22　点击"OK"

（4）关闭软件，重启后即可得到中文界面。

（5）点击左上角"Memoq"（图 5-23）。

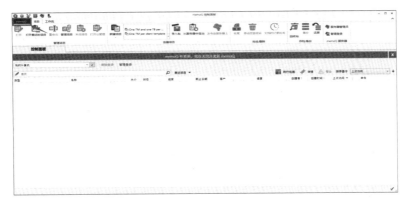

图 5-23　点击"Memoq"

（6）打开后选择左侧栏目中的"新建项目"（图 5-24）。

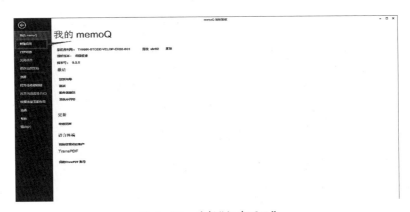

图 5-24　选择"新建项目"

（7）选择（不基于模板）新建项目（图 5-25）。

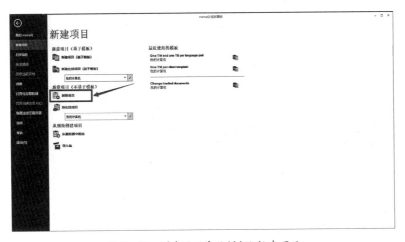

图 5-25　选择（不基于模板）新建项目

（8）输入项目名称，选择源语言以及目标语言，点击下一步（图5－26）。

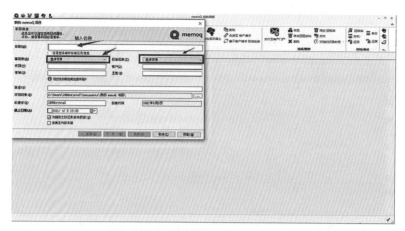

图5－26　输入项目名称并选择源语言和目标语言

（9）点击左下角"导入"（图5－27），选择导入需要翻译的文本，点击"下一步"（图5－28）。

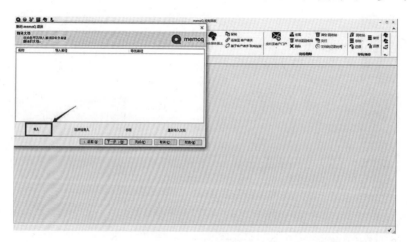

图5－27　点击"导入"

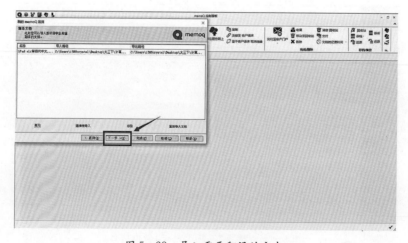

图5－28　导入需要翻译的文本

（10）建立翻译记忆库：点击左下角"新建/使用新的"（图5－29）；输入名称（图5－30），此时语言已自动调整，可不用重新选择；点击"确定"后进入"下一步"（图5－31）。

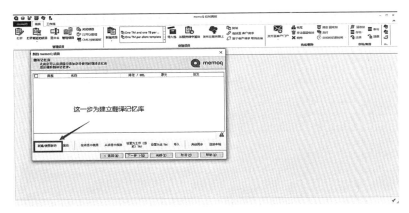

图5－29　点击"新建/使用新的"建立翻译记忆库

图5－30　输入翻译记忆库名称

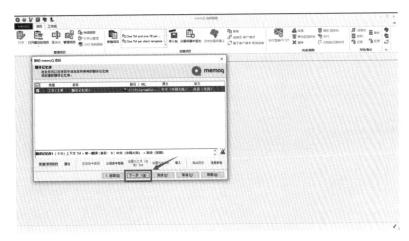

图5－31　建立翻译记忆库完成

（11）建立术语库：点击左下角"新建/使用新的"（图5-32）；输入名称（图5-33），此时语言已自动调整，可不用重新选择；点击"确定"后完成（图5-34）。

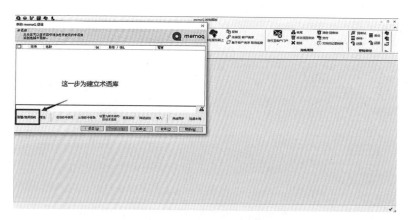

图5-32　点击"新建/使用新的"建立术语库

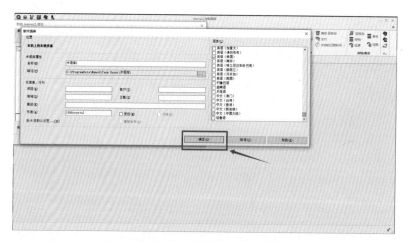

图5-33　输入术语库名称

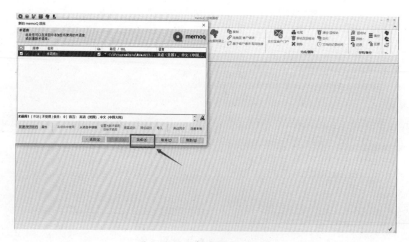

图5-34　建立术语库完成

（12）跳转出现页面如图 5-35 所示，此时完成新建项目。

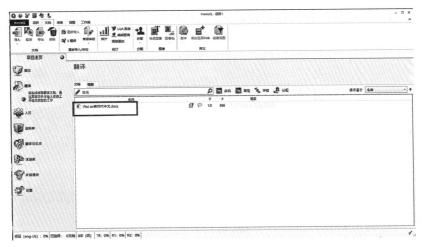

图 5-35　完成新建项目

❷ 通过翻译记忆库对其文本预翻译

扫描图 5-36 二维码，可观看视频学习如何通过翻译记忆
库对其文本预翻译。

（1）首先在"项目主页"中找到翻译语料库，单击任务栏左
上角"新建/使用新的"，输入名称后确定（图 5-37）。

图 5-36　视频 11：通过翻译记
忆库对其文本预翻
译

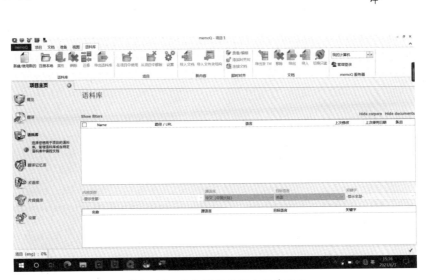

图 5-37　在翻译语料库中新建项目

（2）找到上方的添加对齐对，单击"确定"（图 5-38），添加原文文档为"iPad air 第三代
中文"（图 5-39）、目标文档为"iPad air 第三代英文"（图 5-40）。

图 5-38　添加对齐对

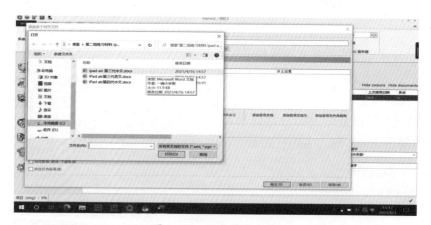

图 5-39　添加原文文档

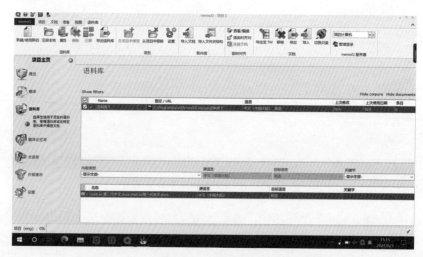

图 5-40　添加目标文档

（3）语料库建立完成，回到原来的翻译项目，找到新建的"iPad air 第四代中文"（图 5－41）。

图 5－41　找到新建的"iPad air 第四代中文"

（4）打开后单击中文，在右边就会出现对应的翻译结果，双击英文翻译结果，即可填入中文对应的英文框内（图 5－42）。

图 5－42　出现翻译结果

（5）为了节省时间，可以采用预翻译的方法一键翻译。先在上方"准备"一栏中找到最左边的"预翻译"，单击（图 5－43），在"TM 和语料库"一栏选择"任何 TM 或语料库匹配"，点击"确定"，就会出现翻译结果（图 5－44）。

图 5－43　预翻译

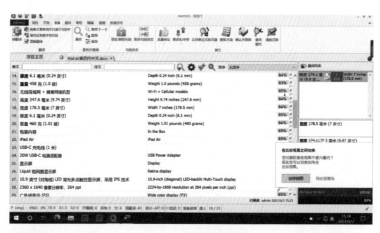

图 5-44 翻译结果

图 5-45 视频 12:导入
在线翻译

❸ 导入在线翻译

扫描图 5-45 二维码,可观看视频学习如何导入在线翻译。

(1) 在左侧项目主页点击"设置",点击设置最右侧 MT 图标(图 5-46)。

图 5-46 设置 MT 图标

(2) 点击左下角"新建/使用新的",输入名称,点击"确定"(图 5-47)。

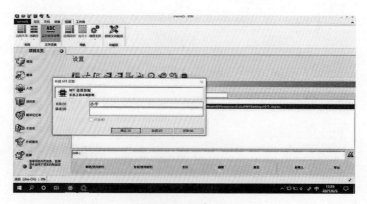

图 5-47 新建项目

（3）勾选所建 MT 图标，点击下方中间编辑，划到最后一个勾选"小牛翻译"（图 5 - 48）。

图 5 - 48 勾选"小牛翻译"

（4）点击"小牛翻译"右侧标有配置插件的齿轮图标，会跳出如图 5 - 49 所示界面。

图 5 - 49 点击齿轮图标

（5）进入所示官网，进行注册登录，登录后界面如图 5 - 50 所示。

图 5 - 50 进入官网注册登录

（6）点击右上方蓝色人物图标进入"个人中心"，显示如图5-51所示页面，"API-KEY"即为所需密钥。点击"隐藏"使密钥显示，将其复制。

图5-51　复制密钥

（7）回到Memoq软件初始页面，将所复制的密钥粘贴，点击"确认"，此时配置插件文字消失，再次点击"确认"（图5-52）。

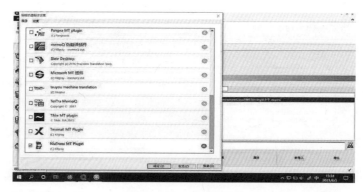

图5-52　粘贴密钥

（8）回到项目翻译页面，点击"原文"，即可有译文。如未生效，回到设置MT页面确认是否勾选上所建插件，有时由于网络原因会自动取消勾选（图5-53）。需要在"小牛翻译云平台"公众号自行领取100万新用户流量，方可进行翻译操作。

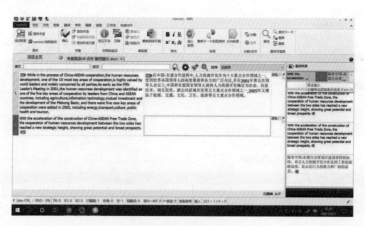

图5-53　译文出现

❹ 添加网络搜索

扫描图 5-54 二维码,可观看视频学习如何添加网络搜索。

（1）打开 Memoq 软件后点击左上方第三个小齿轮图标
（图 5-55）。

图 5-54　视频 13:添加
网络搜索

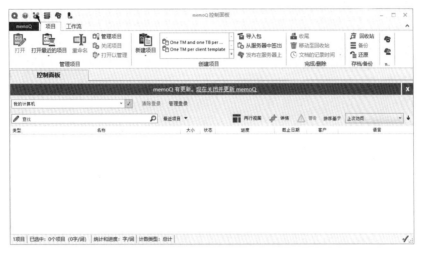

图 5-55　点击小齿轮图标

（2）弹出该页面后点击倒数第四个地球图标（图 5-56）。

图 5-56　点击地球图标

（3）点击左下方的"新建"二字（图 5-57）。

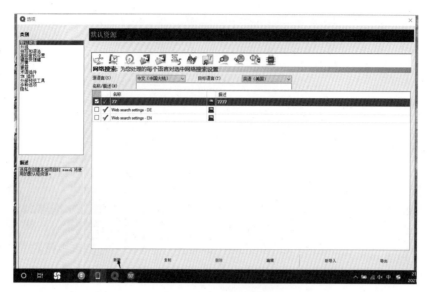

图 5-57　点击"新建"

（4）在小弹窗的"名称"和"描述"框内随意填上信息，然后点击下方的"确定"（图 5-58）。

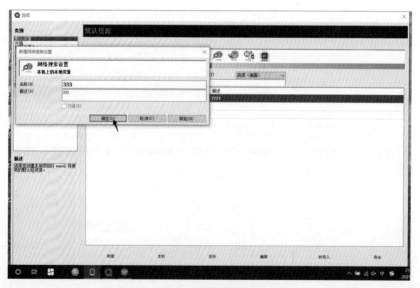

图 5-58　填入"名称"和"描述"信息

（5）选中刚刚新建的网络搜索（标蓝即为选中），点击下方的"编辑"二字（图 5-59）。

（6）弹出弹窗后点击左下方的"新增"二字（图 5-60）。

（7）在"常规"框内随意填上信息，在"查找 URL"框内输入想要使用的网址（此处以百度百科网址为例），一定要记得在最后加上"{ }"，否则将无法使用。然后点击"测试"（图 5-61）。

图 5-59 点击"编辑"

图 5-60 在弹窗中点击"新增"

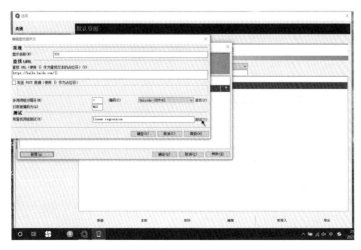

图 5-61 点击"测试"

（8）能够跳转到百度百科页面则说明可以使用，测试过后便可退出该页面，返回到上一步点击"确定"（图5-62）。

图5-62　测试后退出

（9）勾选上刚刚新增的查找方，点击右下方的"确定"（图5-63）。

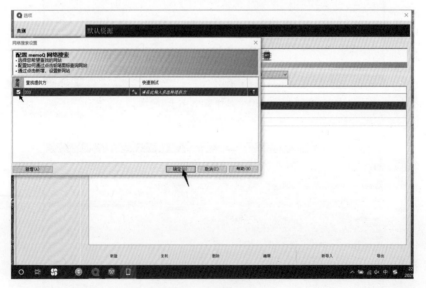

图5-63　勾选查找提供方

（10）退出所有的弹窗，打开自己新建的需要翻译的项目，点击"快速访问"，然后点击左侧的"memoQ 网络查找"（图5-64）。

图 5－64　点击"memoQ 网络查找"

（11）在弹出的页面输入所需要查找的词（此处以输入"金色"为例），然后点击进入词条即可（图 5－65）。

图 5－65　点击进入词条

❺ 添加术语功能

扫描图 5－66 二维码，可观看视频学习如何添加术语功能。每行确定，最终导出。

图 5－66　视频 14：添加术语功能

（1）选择没有被填充的文本（图 5－67），自己翻译填充译文（图 5－68）。

（2）同时选择原文和译文（图 5－69），然后点击"翻译"栏目下的"快速添加术语"（图 5－70）。

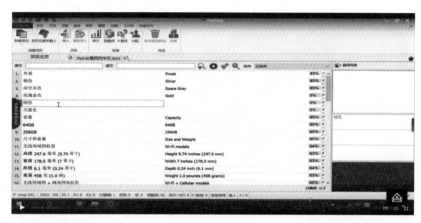

图 5-67　选择文本

图 5-68　自己翻译填充译文

图 5-69　选择原文和译文

图 5-70 快速添加术语

（3）完成后右边会出现刚刚添加的术语，下次就可以自动翻译该术语（图 5-71）。

图 5-71 自动翻译术语

（4）显示蓝色则说明该文本成功被录入术语库（图 5-72）。

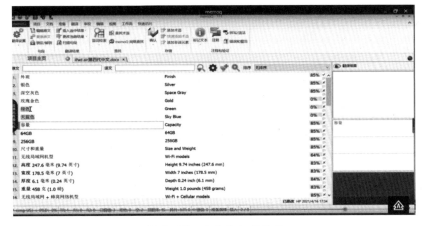

图 5-72 文本录入术语库

(5) 单击右键的译文栏选择译文,按【Control】+【Enter】,对每行译文进行确认(图 5 - 73)。

图 5 - 73　确认译文

(6) 所有翻译完成后回到"项目主页",右击选择"导出(存储路径)"(图 5 - 74),点击"确定"(图 5 - 75),译文就可以呈现出来(图 5 - 76)。

图 5 - 74　选择"导出(存储路径)"

图 5 - 75　确认"导出(存储路径)"

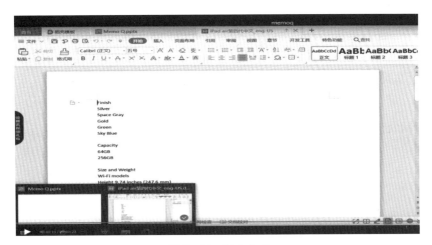

图 5-76　译文呈现

四、操作练习

练习题 ···

扫描图 5-77 二维码获取练习文档。

具体要求

（1）添加网络搜索。

（2）运用网络查找功能，查找"中国-东盟商务与投资峰会"
相关资料。

图 5-77　练习 5：Memoq
软件操作练习

（3）新建一个中译英翻译项目，导入需要翻译的文本。

（4）建立并勾选在线翻译记忆库。

（5）翻译并检查文本。

（6）将不熟悉的翻译添加到术语库。

（7）导出并保存译文。

五、使用答疑

❶ **在操作中，为什么基于模板的保存不了？**

这是因为没有建立术语库。在项目主页新建源语、目标语与文件一致的记忆库和术语库并勾选才能正常使用。

❷ **安装插件的位置为什么会出现错误？**

（1）原先安装时可能出现错误，导致新的无法安装。

（2）有程序占用该插件或播放器，导致无法安装更新。

（3）病毒导致安装失败，或下载的安装文件错误导致无法安装。

具体情况要视安装时的错误提示进行检查。

❸ 为什么翻译时无法将术语添加到 Memoq 软件？

首先要在项目设置里选择术语库，这样才能添加术语，否则是不能添加的。

❹ 为什么已经安装了在线翻译或网络搜索却无法使用？

回到相应位置检查是否勾选该配置。有时因为网络原因会卡掉，一定要确认勾选才能正常使用。

第六章　　SDL Trados Studio 软件

一、软件介绍

❶ SDL Trados Studio 软件发展历史

1984 年在德国斯图加特约亨·胡梅尔(Jochen Hummel)和希科·克尼普豪森(Iko Knyphausen)成立了 Trados GmbH 公司。20 世纪 80 年代晚期 Trados GmbH 公司开始研发翻译软件,并于 90 年代早期发布了第一批 Windows 版本软件。1992 年和 1994 年又相继发布了 MultiTerm 和 Translator's Workbench 软件。1997 年,得益于微软采用 Trados 进行其软件的本土化翻译,Trados GmbH 公司在 90 年代末期已成为桌面翻译记忆软件行业的领头羊。但是,它在 2005 年 6 月被 SDL 公司收购。

❷ SDL Trados Studio 软件

SDL Trados Studio 软件有完整的翻译环境,可以用于编辑、审校和管理翻译项目。它可以通过桌面工具离线使用,也可以通过云端在线使用。软件提供了许多核心技术来协助完成翻译,翻译记忆库(TM)是其关键组件,其他功能包括管理术语的术语库和加速翻译流程的机器翻译(MT)。SDL Trados Studio 软件还提供许多功能可以加快翻译流程、提高一致性,同时构建了可以反复使用的翻译记忆库。

❸ SDL Trados Studio 软件特点

(1) 基于翻译记忆原理,它是世界上优秀的专业翻译软件,已经成为专业翻译领域的标准。

(2) 可以支持 57 种语言之间的双向互译。

(3) 能够有效提高工作效率、降低使用成本、提高翻译质量。

(4) 后台是一个非常强大的神经网络数据库,可以保证系统及信息安全。

(5) 支持所有流行文档格式(如"doc"、"rtf"、"html"、"sgml"、"xml"、"FrameMaker"、"rc"、"AutoCAD dxf"等),用户无需排版。

二、软件安装

下面详细讲述 SDL Trados Studio 软件的操作步骤,同时包括 Trados 与在线语料库

（即小牛插件）的结合使用操作。

可在官网申请下载 SDL Trados Studio 软件，网址为 https：//www. trados. com/。

进入官网后申请下载免费版，填写信息（图 6-1）。

图 6-1　申请下载 SDL Trados Studio 软件免费版

（1）申请成功后，通过邮箱下载试用版（图 6-2）。点击箭头所示软件图标并完成安装
（图 6-3）。

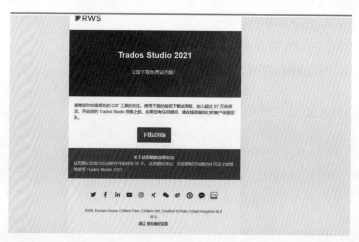

图 6-2　下载试用版

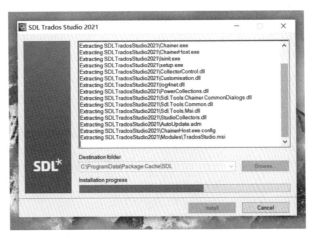

图 6-3 完成软件安装

(2) 完成语料库安装,进入小牛翻译官网(网址:https://niutrans.com/Application)。注册登录后,在页面上方领取 100 万流量,再进入个人中心下载插件,需要根据相关年份版本下载 Trados 插件(图 6-4),完成语料库安装(图 6-5)。

图 6-4 下载 Trados 插件

图 6-5 完成语料库安装

解压后,右键以"管理员身份运行"相对应的文件(图6-6)。之后出现如图6-7所示界面。按任意键,出现如图6-8所示界面。

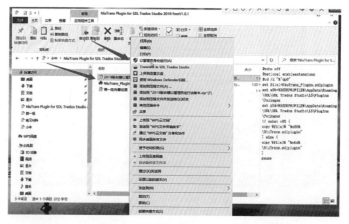

图6-6　右键以"管理员身份运行"相对应的文件

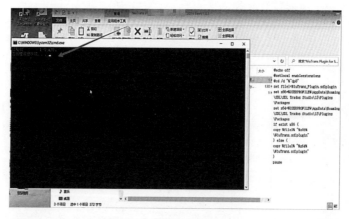

图6-7　运行后出现界面

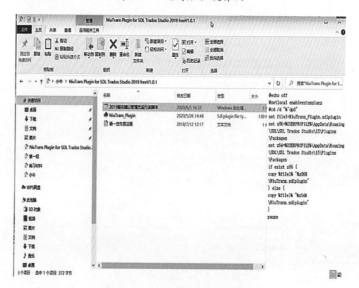

图6-8　按任意键后出现界面

将如图 6-8 所示界面最小化后,打开 SDL Trados Studio 软件(图 6-9)。点击"确定"(图 6-10)。

图 6-9 打开 SDL Trados Studio 软件

图 6-10 SDL Trados Studio 软件激活

出现插件(即小牛在线语料库)界面,点击"是",可以使用小牛在线语料库(图 6-11)。如果点击"否",则无法使用小牛在线语料库。

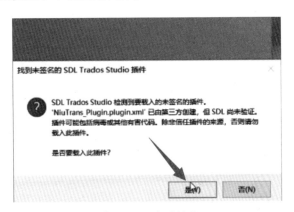

图 6-11 出现插件

三、软件使用

进入 SDL Trados Studio 软件欢迎页面(图 6-12)。

(1) 创建自己的翻译记忆库。首先,点击左下角的"翻译记忆库"(图 6-13),再点击"新建"选项中的"新建翻译记忆库"选项(图 6-14)。

点击"新建翻译记忆库"后,会出现如图 6-15 所示界面。名称自拟,源语言与目标语言自行选择。接着点击"下一步"(图 6-16)。

图 6-12 进入欢迎页面

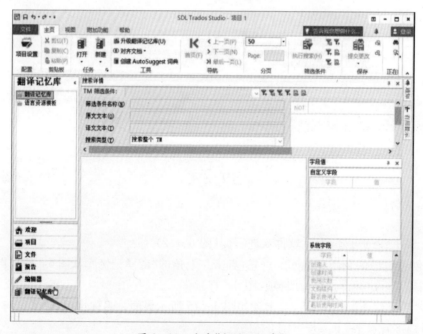

图 6-13 点击"翻译记忆库"

图 6 - 14 点击"新建翻译记忆库"

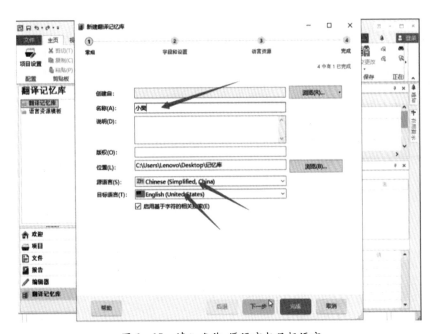

图 6 - 15 填入名称、源语言与目标语言

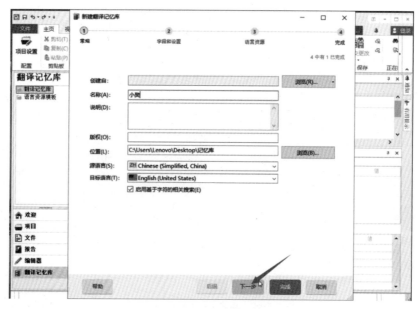

图 6-16 点击"下一步"

将出现的新界面里的所有小方框全部勾选,接着点击"下一步"(图 6-17),然后点击"完成",在出现的新界面点击"关闭"(图 6-18),新的翻译记忆库就建成了(图 6-19)。

图 6-17 勾选后,点击"下一步"

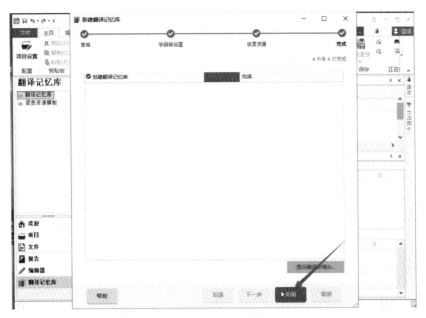

图 6 - 18　点击"关闭"

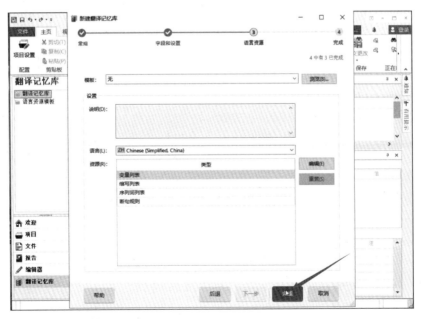

图 6 - 19　点击"完成"

（2）创建翻译记忆库后，可以进行预翻译。首先点击"文件"（图 6 - 20），在弹出如图 6 - 21 所示界面后，点击"选项"。

图 6-20　点击"文件"

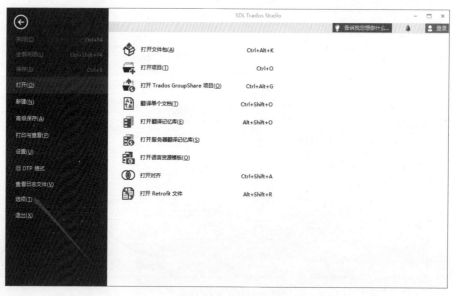

图 6-21　点击"选项"

然后弹出如图 6 - 22 所示界面,点击"编辑器",再点击"编辑器"下的"自动沿用"(图 6 - 23)。

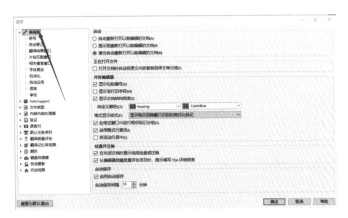

图 6 - 22 点击"编辑器"

图 6 - 23 点击"自动沿用"

在跳转到"自动沿用"界面后,在"启动自动沿用"窗口下"将完全匹配自动沿用至已确认句段(U)"和"自动沿用完全匹配后确认句段(M)"前的方框内打勾(图 6 - 24)。随后点击"确定",完成预翻译。

图 6 - 24 在"自动沿用"界面完成勾选

（3）点击"欢迎"（图 6 - 25），然后点击"对齐文档"选项中的"对齐单一文件对"（图 6 - 26）。

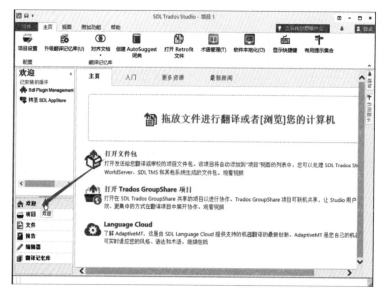

图 6 - 25　点击"欢迎"

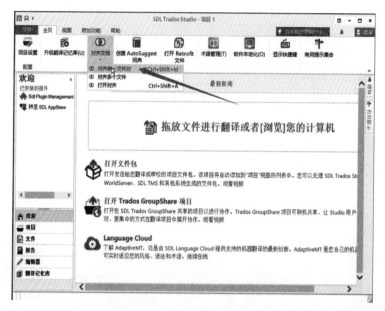

图 6 - 26　点击"对齐单一文件对"

可扫描图 6 - 27 二维码观看如何对齐文本。

图 6 - 27　视频 15：对齐文本

在上一步完成后会出现一个新的界面，点击"添加"选项中的"文件翻译记忆库"（图6-28），在弹出的界面点击刚才创建好的翻译记忆库，再点击"打开"（图6-29）。

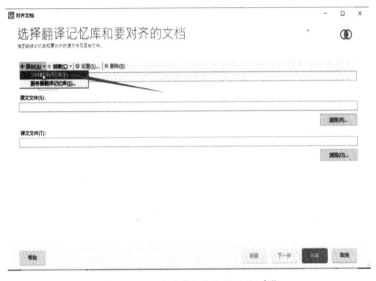

图6-28　点击"文件翻译记忆库"

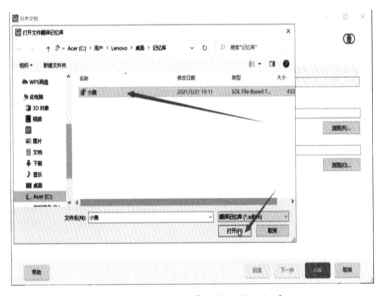

图6-29　打开创建好的翻译记忆库

　　回到刚才的界面后，点击"浏览（R）"（图6-30），然后点击源语文本，再点击"打开"（图6-31）。添加目标语文本也是采用相同的步骤，先点击"浏览（O）"（图6-32），然后点击目标语文本，再点击"打开"（图6-33），回到刚才的界面后点击"下一步"，最后点击"完成"。源语文本和目标语文本就添加成功了（图6-34）。

简明计算机辅助翻译软件学生操作手册

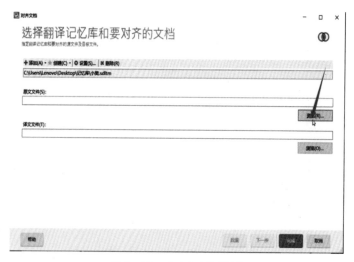

图 6-30　点击"浏览（R）"

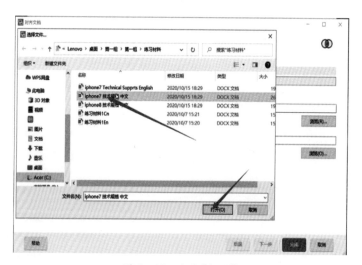

图 6-31　点击"打开"

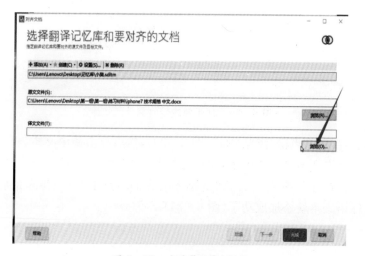

图 6-32　点击"浏览（O）"

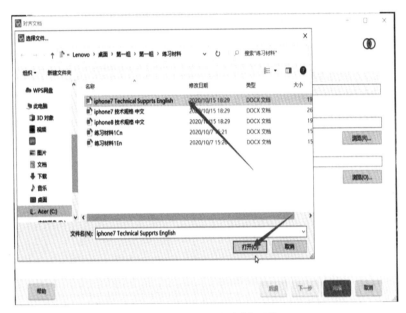

图 6-33 再次点击"打开"

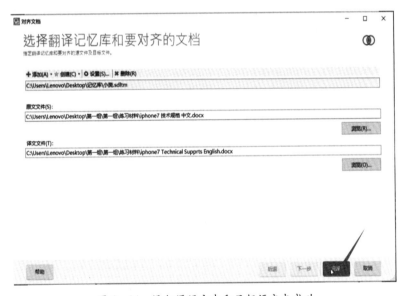

图 6-34 添加源语文本和目标语文本成功

　　上一步完成后会跳转到对齐界面,点击对齐文档界面右上角"全部确认"选项(图 6-35)。这一步非常重要,一定要记住!接着点击"导入翻译库"的"快速导入"选项(图 6-36),然后会弹出一个窗口,点击"确定"(图 6-37)。

　　在快速导入之后,点击"保存"选项中的"另存为"(图 6-38),文件可以保存在桌面,方便操作。再点击"保存"(图 6-39),文件就存至指定位置,这里保存的位置在桌面(图 6-40)。

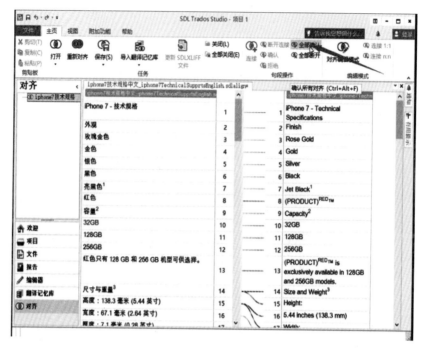

图 6-35　点击"全部确认"

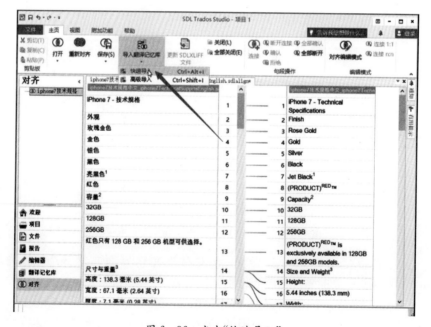

图 6-36　点击"快速导入"

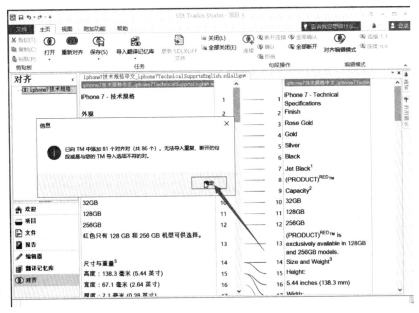

图 6-37 点击"确定"

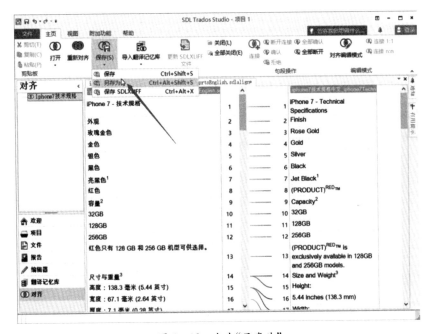

图 6-38 点击"另存为"

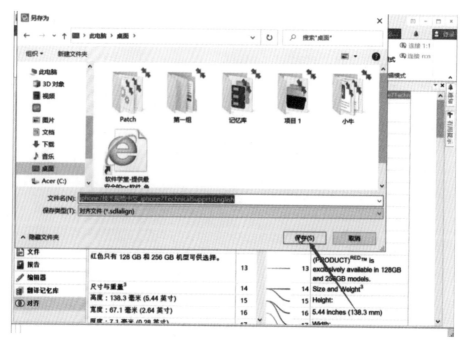

图 6-39 点击"保存"

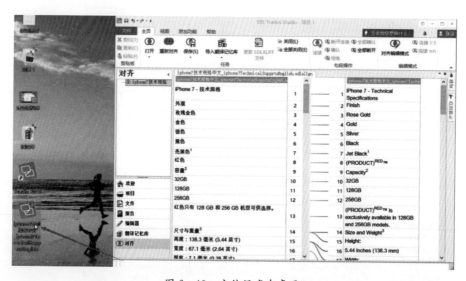

图 6-40 文件保存在桌面

（4）点击主页左下角的"项目"选项（图 6-41），出现项目详情信息（图 6-42）。再点击左上角的"新建项目"（图 6-43）。

图 6-41 点击"项目"

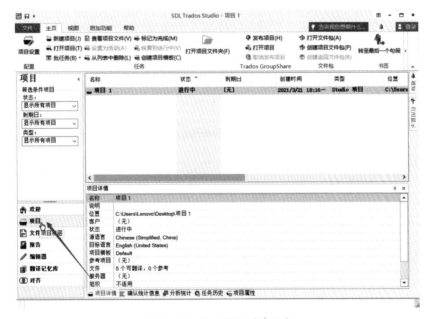

图 6-42 出现项目详情信息

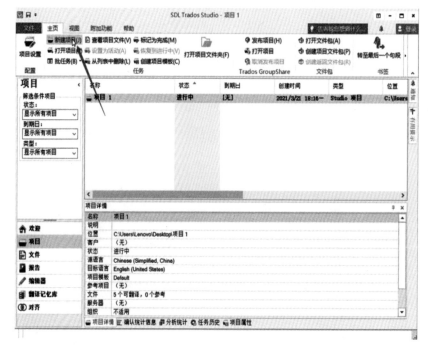

图 6-43 点击"新建项目"

点击"新建项目"后,会出现如图 6-44 所示界面。项目名称可以自行修改,源语言与目标语言取决于翻译的对象。例如,要进行汉译英操作,源语言可以选择中文简体,目标语言可以选择美式英语。

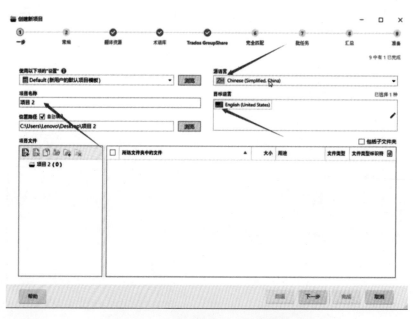

图 6-44 点击"新建项目"后出现界面

点击左下角"项目文件"中的"添加文件"（第一个小图标）（图 6-45），选择所有相应的翻译文件，点击"打开"（图 6-46），然后点击"所选文件夹中的文件"进行全选（图 6-47）。全选后点击"下一步"（图 6-48）。

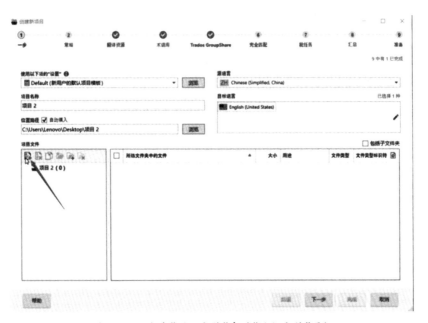

图 6-45　点击"项目文件"中的"添加文件"图标

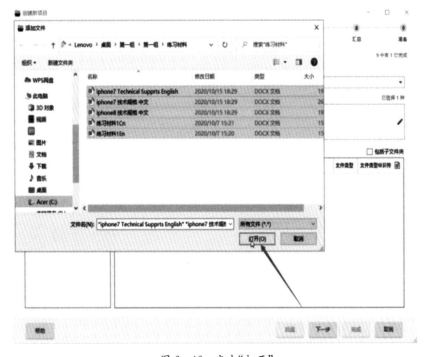

图 6-46　点击"打开"

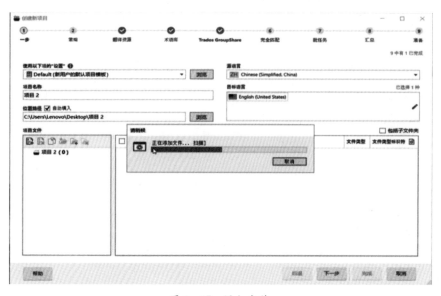

图 6-47　添加文件

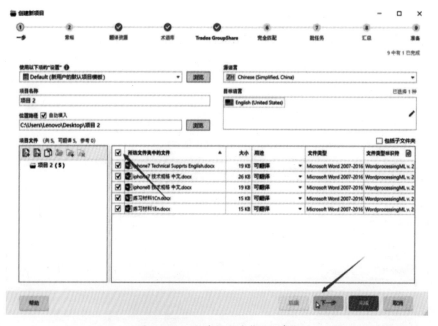

图 6-48　全选后,点击"下一步"

　　点击"下一步"后,如果页面跳转出如图 6-49 所示界面,可以点击"确定",然后它会跳出一个"指定翻译记忆库位置"的界面(图 6-50)。点击之前保存的翻译记忆库,然后点击"打开"。

图 6 - 49　找不到翻译记忆库时点击"确定"

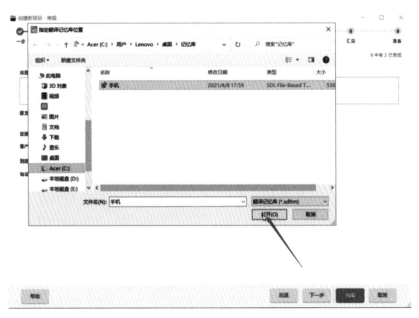

图 6 - 50　弹出"指定翻译记忆库位置"

可扫描图 6 - 51 二维码观看如何建立翻译记忆库。

图 6 - 51　视频 16:建立翻译记忆库

如果仍跳出如图 6 - 49 所示界面,可以点击"取消"(图 6 - 52),然后页面会跳转至一个新的界面(图 6 - 53)。

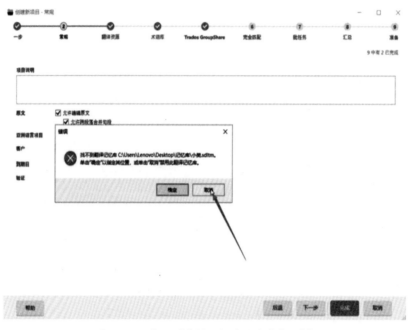

图 6 - 52　找不到翻译记忆库时点击"取消"

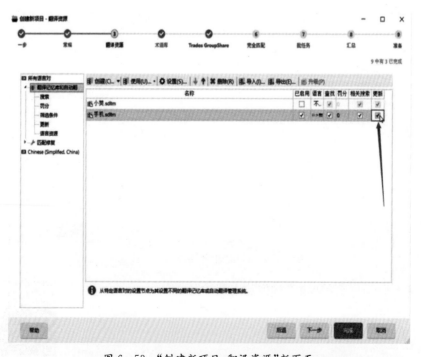

图 6 - 53　"创建新项目-翻译资源"新页面

勾选之前保存的翻译记忆库中的"更新"(相当于选择了这个翻译记忆库),就可以点击"下一步"进行后面的操作。如果页面没有出现之前保存的翻译记忆库,可以点击"创建"选项进行翻译记忆库的创建(图 6-54)。

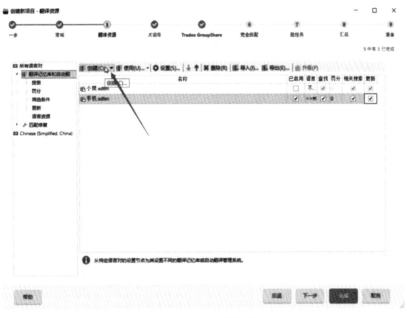

图 6-54　点击"创建"

新建翻译记忆库的名称可以自行输入,源语言和目标语言与之前"新建项目"的选择要求一致(图 6-55)。点击"下一步"(图 6-56 和图 6-57),至"完成"界面,点击"完成"

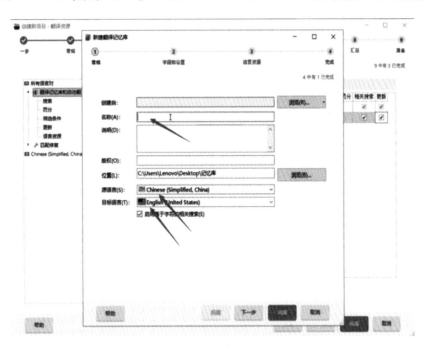

图 6-55　输入名称并选择源语言和目标语言

（图6-58），然后点击"关闭"（图6-59），这样新的翻译记忆库就创建完毕（图6-60）。

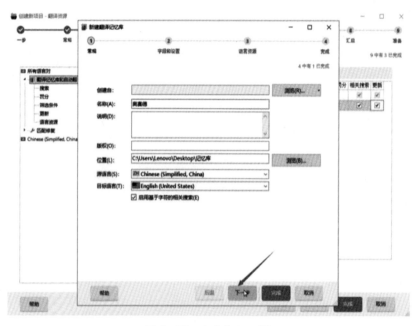

图6-56　点击"下一步"

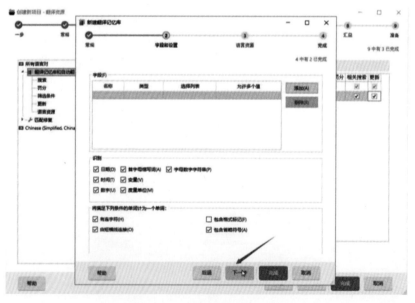

图6-57　再次点击"下一步"

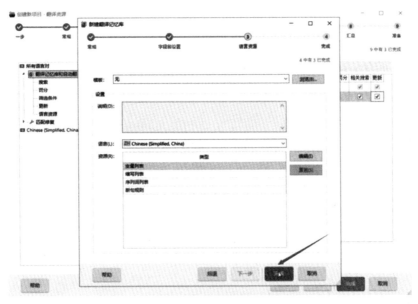

图 6-58　点击"完成"

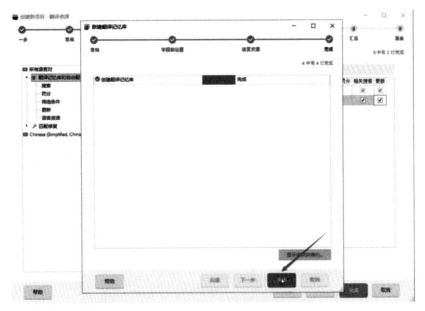

图 6-59　点击"关闭"

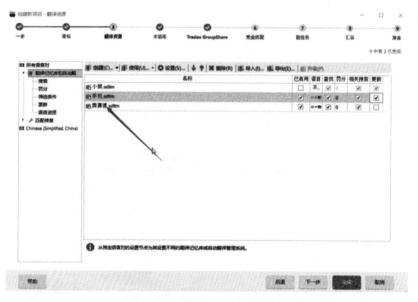

图 6-60　创建新的翻译记忆库

（5）创建好翻译记忆库后，点击"导入"（图 6-61）。然后在弹出的新界面中，选择"添加文件"并点击（图 6-62）。

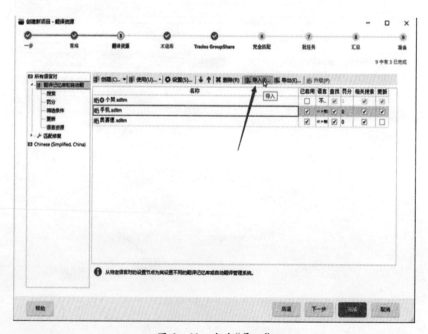

图 6-61　点击"导入"

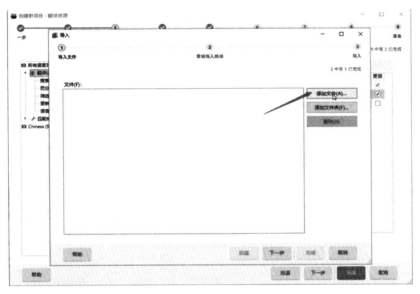

图 6-62　选择"添加文件"

点击"添加文件"后,在其弹出新页面的左侧栏中,找到之前创建保存语料库的所在位置,之前已将该语料库保存至桌面(图 6-63)。找到语料库之后,用鼠标左键单击选择语料库,然后点击右下角"打开"(图 6-64)。

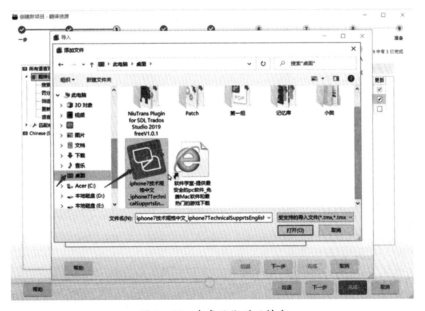

图 6-63　在桌面找到语料库

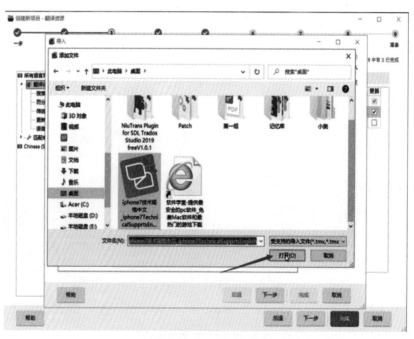

图 6-64　点击"打开"

　　点击"打开"之后,会出现如图 6-65 所示界面,然后点击"下一步"。继续点击"下一步"（图 6-66）,然后点击"完成"（图 6-67）。

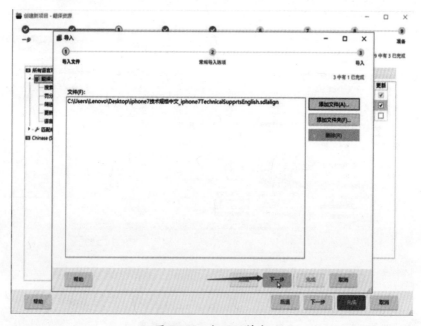

图 6-65　打开语料库

图 6-66　点击"下一步"

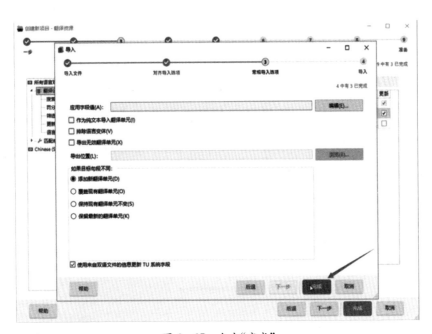

图 6-67　点击"完成"

随后自动跳转到如图 6-68 所示界面,等待导入完毕后,点击右下角"关闭"。

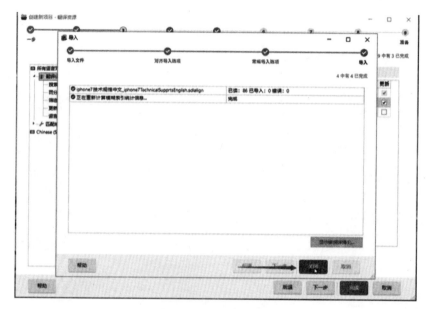

图 6-68　点击"关闭"

　　点击勾选项目名称"奥赛德"右边所有空白小方框内容(图 6-69),单击后会自动勾选(图 6-70)。

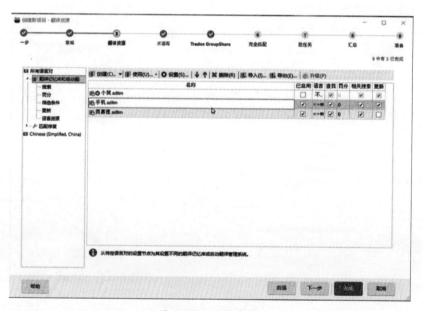

图 6-69　点击勾选

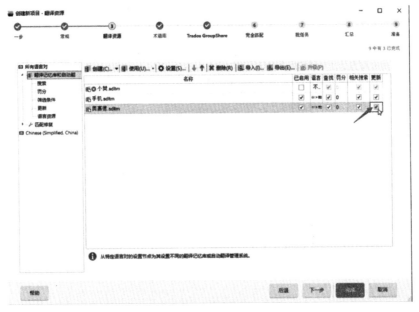

图 6-70　单击后自动勾选

接着,点击右下角"下一步"(图6-71),并在如图6-72至图6-75所示界面连续点击"下一步"。待跳转至如图6-76所示界面后,点击"完成"。

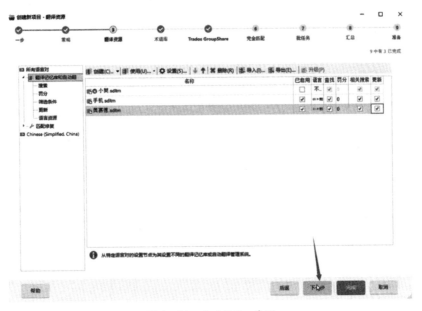

图 6-71　点击"下一步"1

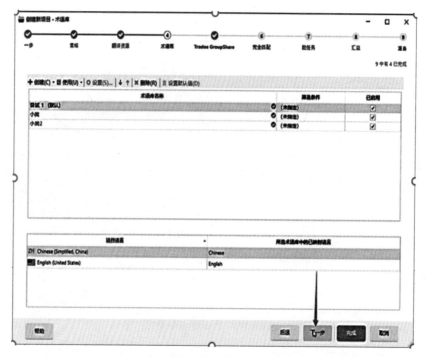

图 6-72 点击"下一步"2

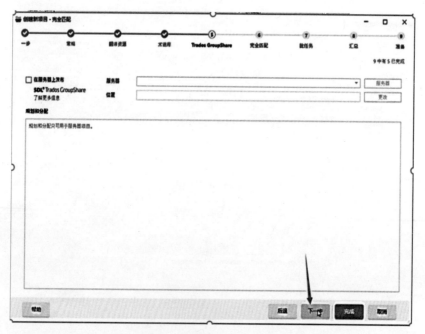

图 6-73 点击"下一步"3

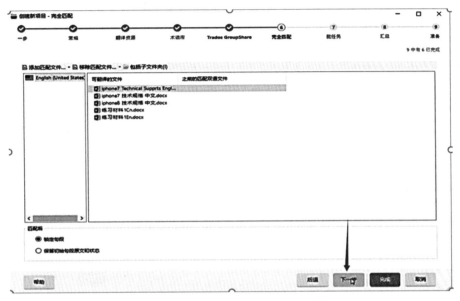

图 6-74　点击"下一步"4

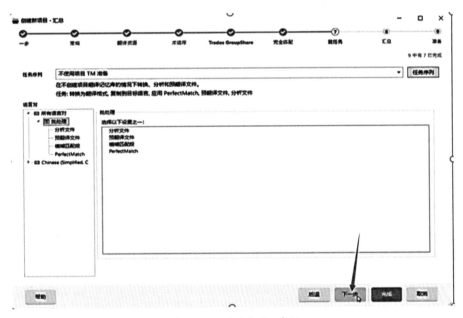

图 6-75　点击"下一步"5

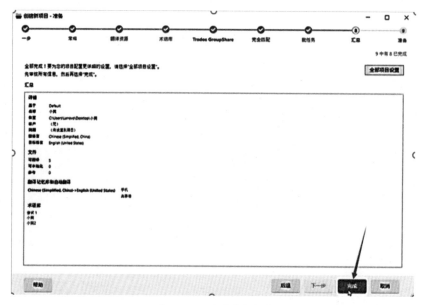

图 6-76　点击"完成"

　　点击"完成"后，会出现如图 6-77 所示界面。等待加载完毕后，点击"关闭"（图 6-78）。新项目就创建好了（图 6-79）。

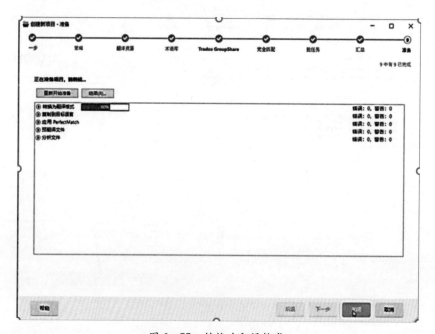

图 6-77　转换为翻译格式

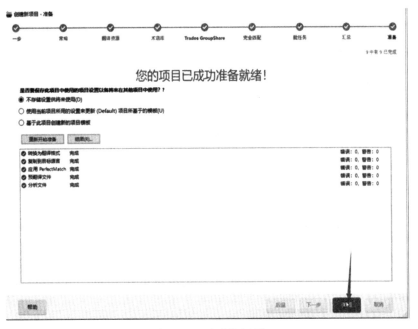

图 6-78 点击"关闭"

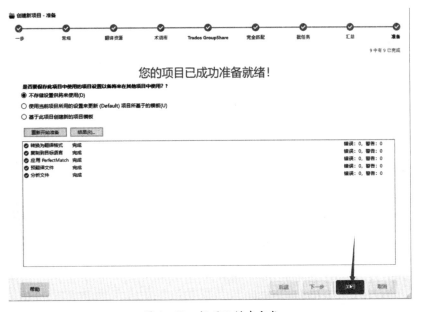

图 6-79 新项目创建完成

（6）创建好翻译项目之后，可以在项目列表里看到刚刚创建的项目（图 6-80）。点击打开文件中的预翻译文本（图 6-81），此处为 iphone8 中文文本。打开文本后，点击词汇前的序号，SDL Trados Studio 软件将会把词汇自动翻译成目标语言（图 6-82）。

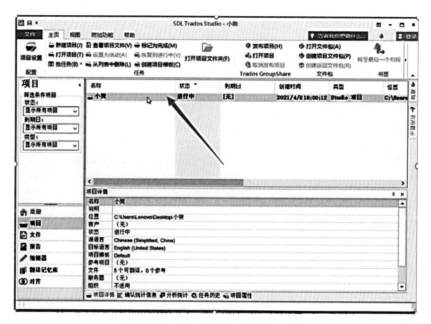

图 6-80 翻译项目出现在项目列表

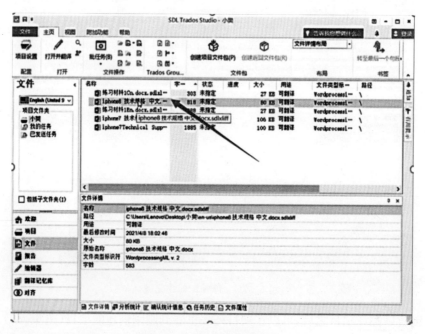

图 6-81 打开预翻译文本

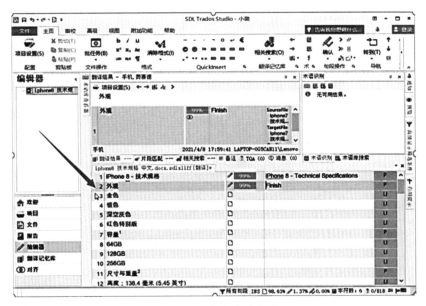

图 6-82　完成自动翻译

　　如果是翻译记忆库中没有的词汇，Trados 系统无法进行翻译（图 6-83）。点击"项目设置"（图 6-84），再点击"使用"，插入之前安装的小牛语料库（图 6-85 和图 6-86）。

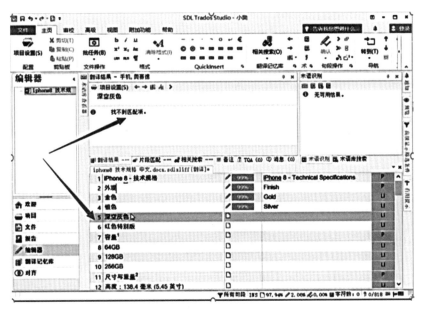

图 6-83　无法自动翻译记忆库中没有的词汇

简明计算机辅助翻译软件学生操作手册

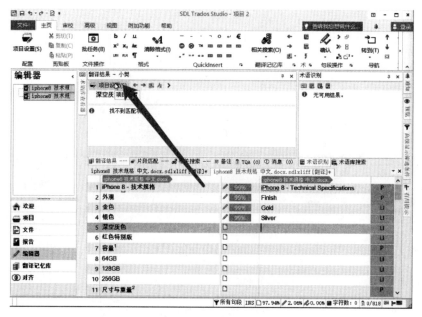

图 6-84　点击"项目设置"

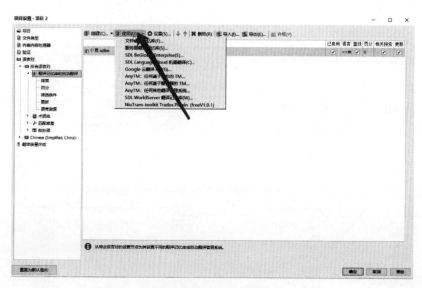

图 6-85　点击"使用"

图 6-86　插入小牛语料库

图 6-87　视频 17:使用
Trados 2019 插件

（7）如何使用小牛语料库插件呢？扫描图 6-87 二维码可观看视频学习如何使用 Trados 2019 插件。

首先回到桌面,打开小牛文件夹(图 6-88)。此处的小牛文件夹即为语料库安装中图 6-4 下载的 Trados 插件。

图 6-88　打开小牛文件夹

打开 Trados 2019 插件安装教程(图 6-89)。复制 Trados 2019 插件安装教程中的网址,用浏览器打开(图 6-90),将复制的小牛网址粘贴并前往(图 6-91)。

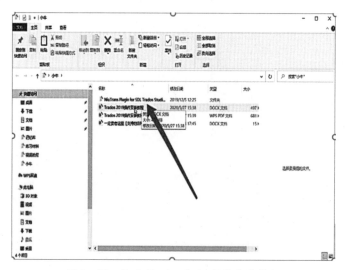

图 6-89　打开 Trados 2019 插件安装教程

图 6-90　复制网址

图 6-91　粘贴网址并前往

在打开小牛翻译官方网站后,进行账号登录(图 6-92)。没有账号的要先行注册(图 6-93)。

图 6-92　进入小牛翻译官方网站

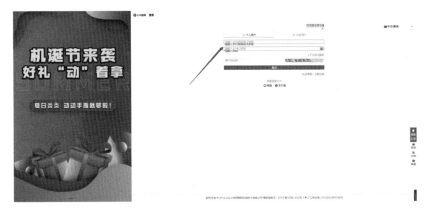

图 6-93　注册登录

进入后,点击个人中心,密钥位于如图 6-94 所示位置。点击"显示",即可看见密钥。

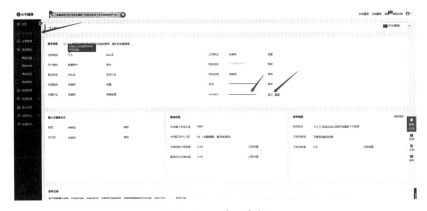

图 6-94　看见密钥

（8）在微信关注公众号"小牛翻译云平台"（图6-95）。关注公众号后会自动弹出一条消息，在看到"新用户专享100万流量：点击领取"字样后，点击"点击领取"，登录小牛翻译账号，领取100万字符。如果100万字符用完，还可以在公众号主页签到来获取免费流量（图6-96）。

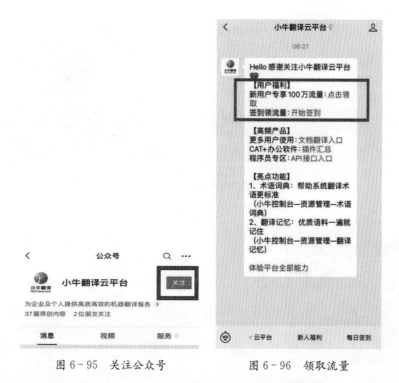

图6-95　关注公众号　　　　图6-96　领取流量

（9）回到SDL Trados Studio软件，输入密钥，点击"确定"（图6-97），就可以检索到需要的翻译（图6-98）。

图6-97　输入密钥

图 6 - 98　检索翻译结果

随后点击"批任务(B)"下拉列表中的"生成目标翻译"(图 6 - 99),点击"下一步"至"完成"(图 6 - 100)。

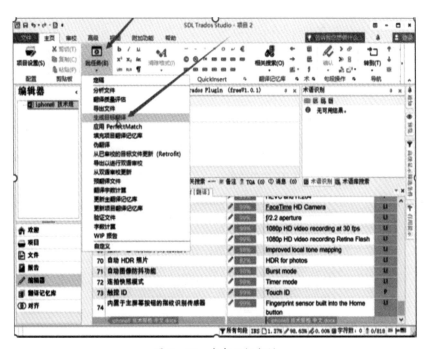

图 6 - 99　生成目标翻译

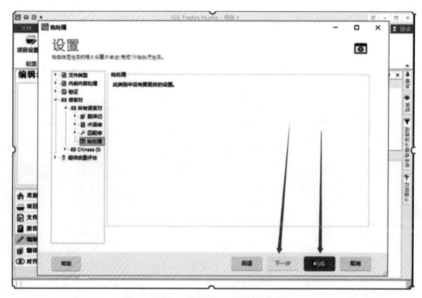

图 6 - 100　点击"下一步"至"完成"

　　点击"关闭"后,会弹出问题"是否要打开包含导出文档的文件夹?"(图 6 - 101)。如果点击"是",便会弹出如图 6 - 102 所示文件夹,翻译后的文件便位于文件夹中所示位置。打开文件即可得到翻译后的文本(图 6 - 103)。

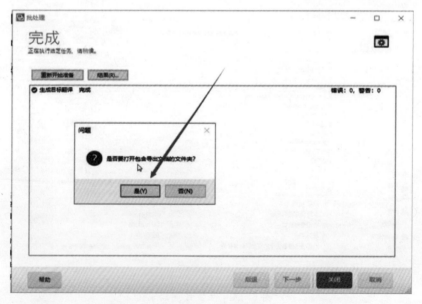

图 6 - 101　弹出问题

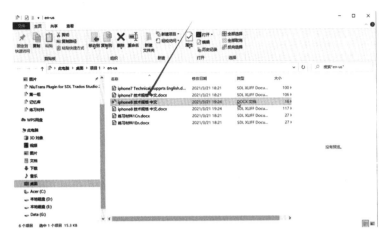

图 6-102 翻译文件保存

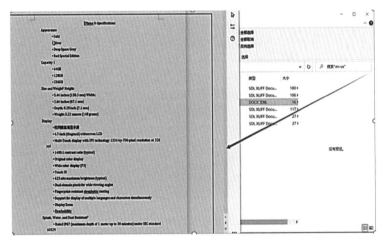

图 6-103 翻译文本

四、操作练习

练习题 ···•

　　为了巩固本章学习的 SDL Trados Studio 软件使用,请完成以下练习。扫描图 6-104 二维码获取练习文本,扫描图 6-105 二维码获取记忆库材料。

图 6-104　练习 6:SDL Trados Studio
软件操作练习 1

图 6-105　练习 7:SDL Trados Studio
软件操作练习 2

五、使用答疑

❶ 翻译记忆库有什么重要作用？

若遗漏导入建好的翻译记忆库（已对齐的文档）的步骤，则后面无法进行翻译。

❷ 在选择完需要翻译的项目之后，应注意什么？

应注意及时勾选文件。若未进行选择，之后将无法进行翻译。

第七章　Basic CAT 软件

一、软件介绍

Basic CAT 软件是一款开源免费的计算机辅助翻译软件,旨在为译者提供简单实用的翻译工具。该软件一来方便易懂,二来因其使用 Basic 语言编写,上手操作简单。

❶ Basic CAT 软件特点及优势

不管是机器翻译、划词取义,还是拼写错误,在 Basic CAT 软件中都会以下拉列表的形式呈现在输入框下方。Basic CAT 软件致力于减少译者的视线转移,让译者更专注于译文编辑。

此外,该软件还具有以下优点:

(1) 轻量级,界面简洁。

(2) 支持多种格式的原文导入和译文对比导出(多数格式会被认为是有标签的文本,需要预处理为"xliff"格式文件)。

(3) 具有人性化的在线词典嵌入和机翻 API 结果对比。

❷ Basic CAT 软件功能

(1) 快捷功能。包括:①划词取义;②快速填充符号、文本;③自动更正标点、错误拼写。

(2) 项目翻译。包括:①可同时调用多种在线词典;②交互式机器翻译;③常见机器翻译服务的 API 调用;④可用翻译记忆与机器翻译进行全文预翻译;⑤术语管理。

(3) 其他功能。包括:① 支持多种源文件格式,如"txt"、"idml"、"xliff"、"gettext po"等;② 支持翻译记忆标准 TMX、术语管理标准 TBX 和句段分割标准 SRX。

二、软件安装

打开 Basic CAT 官网,其网址为 https://www.basiccat.org/zh/,首页界面如图 7-1 所示。

点击页面大标题下菜单栏的"下载"进入下载界面。根据自己的电脑操作系统情况选择安装包。

首先查看自己的电脑操作系统。双击打开本电脑(我的电脑)(图7-2)。右键点击左侧菜单栏的本电脑,并点击属性(图7-3),即可查看电脑操作系统(图7-4)。

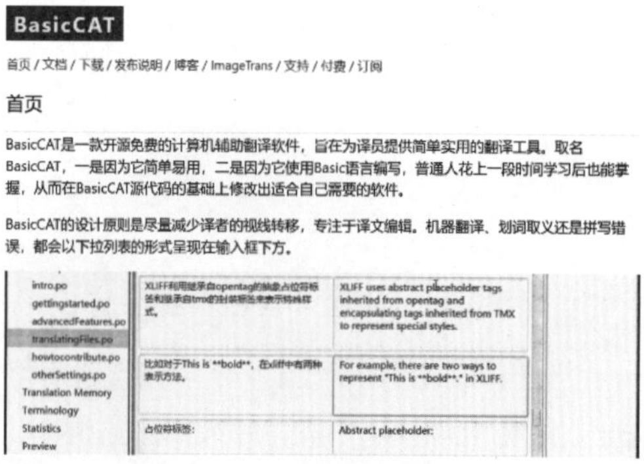

图7-1　Basic CAT 官网首页

图7-2　双击打开本电脑

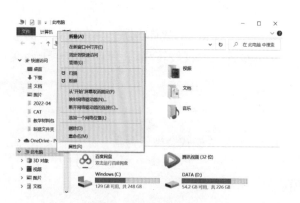

图7-3　点击"属性"

图7-4　查看电脑操作系统

　　以下讲解采用的电脑为 Windows 64 位,所以下载 64 位安装包。点击下载(图7-5),下载完成后找到文件所在位置(图7-6)。下载完成的应用程序图标为绿字白底样式(图7-7)。

图7-5　点击下载

图7-6　找到文件所在位置

图7-7　Basic CAT 软件应用程序图标

双击开始安装，使用系统默认下载路径，也可自行更换（图7-8）。

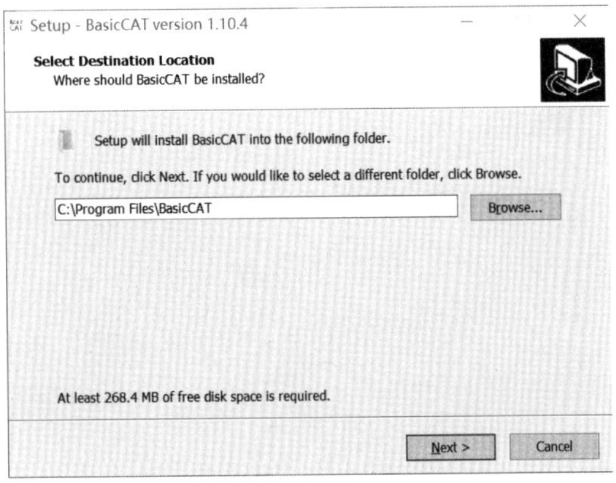

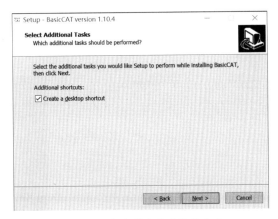

图7-8　安装 Basic CAT 软件

　　点击"Next"，勾选创建桌面快捷方式。若未勾选，要到上一步显示的文件所在文件夹打开（图7-9）。

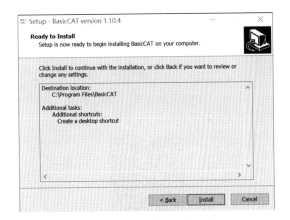

图7-9　勾选创建桌面快捷方式

　　点击"Install"安装（图7-10），安装过程可能需要一段时间，请耐心等待（图7-11）。

图7-10　点击"Install"安装

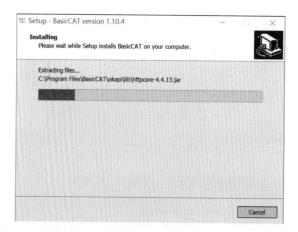

图 7 - 11　正在安装

安装完成后点击"Finish"(图 7 - 12)。如果需要马上打开软件,则勾选"Launch Basic CAT",如果不需要,可以不勾选。

如果需要打开软件,可以在桌面找到白底绿字图标(图 7 - 13)。

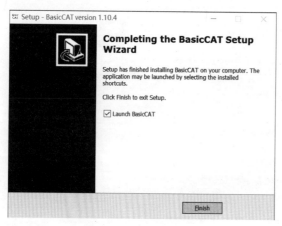

图 7 - 12　点击"Finish"　　　　　　图 7 - 13　Basic CAT 图标

如果未勾选创建桌面快捷方式(图 7 - 9),可右击桌面图标,点击"打开文件所在位置(I)",即可找到图标并打开。

三、软件使用

扫描图 7 - 14 二维码获取 Basic CAT 软件操作练习材料。

图 7 - 14　资料 5:Basic CAT 软件操作练习材料

❶ 新建项目

（1）新建项目文件夹。点击菜单栏"File"，点击"New"，根据项目的源语言和目标语言选择项目文件夹的类型。例如，本次操作采用的材料源语言是中文，目标语言是英文，故选择"zh-en Project"（即中译英项目）（图 7 - 15）。

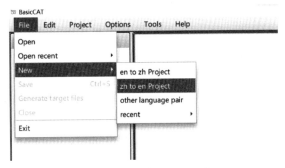

图 7 - 15　新建项目文件夹

（2）保存项目文件夹（图 7 - 16）。再次点击"File"，选择"Save"。

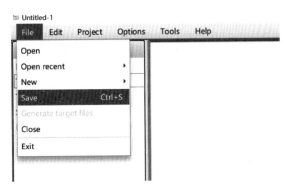

图 7 - 16　保存项目文件夹

（3）在弹出窗口选择文件夹保存位置，并在"文件名"一栏命名该文件夹，完成后点击"保存"（图 7 - 17）。

图 7 - 17　选择文件夹保存位置

❷ 导入原文文本

（1）用鼠标右键点击"Project Files"，选择"Add File"（图7-18）。

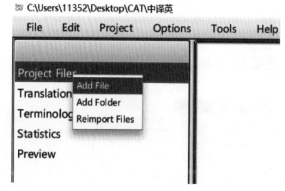

图7-18 选择"Add File"

（2）在弹出窗口中找到原文文档所在的位置，选择该文档，点击"打开"（图7-19）。

图7-19 点击"打开"

（3）点击"Project Files"，显现出导入的文档。双击该文档，出现右侧原文，导入成功（图7-20）。

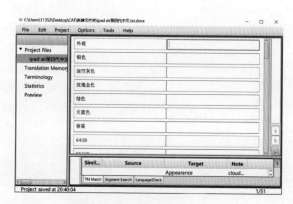

图7-20 导入原文文本

❸ 调节字体

可根据个人喜好修改,若不需要,可忽略此步骤。

(1) 点击菜单栏"Options",点击"Preferences"(图7-21)。

图7-21 点击"Preferences"

(2) 在弹出的窗口选择"Appearance"(图7-22)。

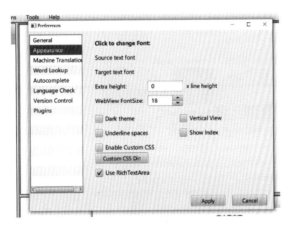

图7-22 选择"Appearance"

(3) 选择源语言字体:用鼠标右键点击"Source Text Font",在出现的字体选项中选择喜欢的字体。

(4) 调节字体大小:通过在字体下面调节数字大小来调节字体的字号,确定数字后点击"OK"(图7-23)。

调节译文(即目标语言)字体可以用鼠标右键点击"Target Text Front",后续操作与(3)和(4)相同。

(5) 关闭"Appearance"窗口后(图7-24),在"Preferences"窗口点击右下方"Apply"(图7-25),完成字体调节。

图7-23 调节字体大小

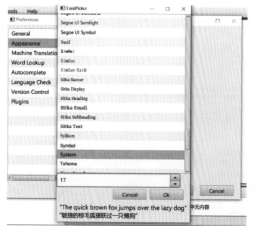

图 7 - 24　关闭"Appearance"

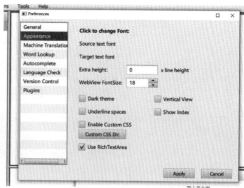

图 7 - 25　点击"Apply"

❹ 添加外部记忆库

（1）点击"Project"，进入"Project Files"，出现"Project settings"方框（图 7 - 26）。

图 7 - 26　出现"Project settings"方框

（2）点击"TM"，进入"Add"，出现"打开"方框（图 7 - 27）。

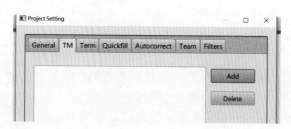

图 7 - 27　出现"打开"方框

　　（3）选中相应的记忆库文件，如图 7 - 28 中的"ipadair CE"文件。点击"打开"，出现
"Import Preview"方框（图 7 - 28）。点击"Okay"（图 7 - 29），点击"Apply"（图 7 - 30），点击
"Continue"（图 7 - 31），即可完成外部记忆库添加。

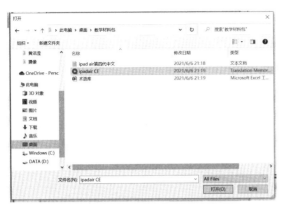

图 7 - 28　出现"Import Preview"方框

图 7 - 29　点击"Okay"

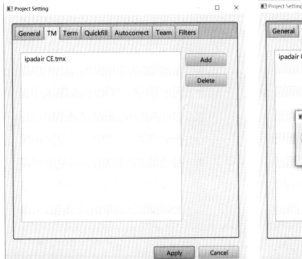

图 7 - 30　点击"Apply"　　　　　　图 7 - 31　点击"Continue"

❺ 添加外部术语库

（1）点击"Project"，点击"Project settings"，出现"Project settings"方框（图 7 - 32）。

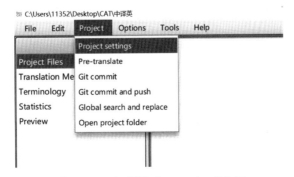

图 7 - 32　出现"Project settings"方框

（2）点击"Term"，点击"Add"，出现"打开"方框（图7-33）。

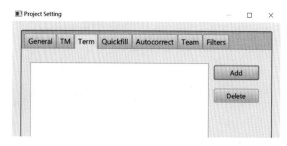

图7-33　出现"打开"方框

（3）选中相应的术语库文件，如图7-34中的"术语库"。点击"打开"，出现"Import Preview"方框。点击"Okay"（图7-35），点击"Apply"（图7-36），点击"Continue"（图7-37），即可完成外部术语库添加。

图7-34　选中术语库文件

图7-35　点击"Okay"

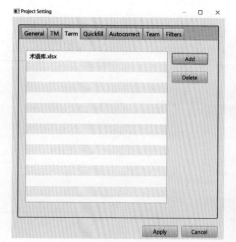

图7-36　点击"Apply"

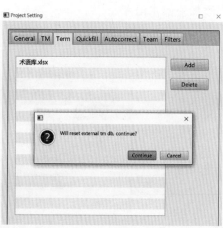

图7-37　点击"Continue"

❻ 添加在线翻译库

（1）点击"Opinions"，点击"Preferences"，出现"Preferences"方框（图 7 - 38）。点击"Machine Translation"（图 7 - 39）。根据需求勾选外部翻译库，在弹出的方框中点击"Fill params"（图 7 - 40）。最后点击"Apply"即可（图 7 - 41。）

图 7 - 38　出现"Preferences"方框

图 7 - 39　点击"Machine Translation"

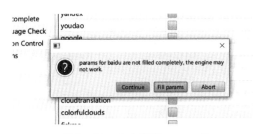

图 7 - 40　点击"Fill params"

图 7 - 41　点击"Apply"

注意："cloudtranslation"、"colorfulclounds"和"fiskmo"可直接勾选使用，其他外部翻译库（如 baidu）需在登录后方可使用。登录方法如下：双击所选外部翻译库，在弹出的方框中输入账号和密码（图 7 - 42）。在"appid"处输入账号，在"key"处输入密码。

图 7 - 42　输入账号和密码

❼ 预翻译

（1）点击"Project Files"的"▷"，出现"ipad air 第四代中文"（图 7-43）。

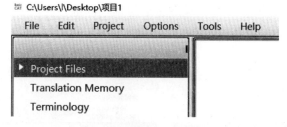

图 7-43　点击"Project Files"的"▷"

（2）点击"ipad air 第四代中文"，在右侧显示原文（图 7-44）。

图 7-44　点击"ipad air 第四代中文"

（3）用鼠标左键点击最上方目录的"Project"，点击"Pre-translate"，界面跳出一个弹框（图 7-45）。

图 7-45　左击"Project"后点击"Pre-translate"

（4）点击左框"Lowest Fuzzy Match Rate"，将"0.9"改为"0.5"（图 7-46）。

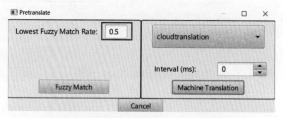

图 7-46　点击"Lowest Fuzzy Match Rate"

（5）在右框中选择"cloudtranslation"、"colorfulclounds"或者"fiskmo"等已完成在线翻译库勾选的选项（图 7-47），点击"Machine Translation"（图 7-48）。

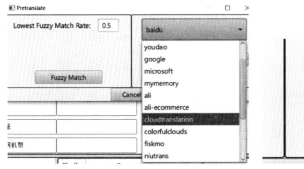

图 7 - 47　选择选项

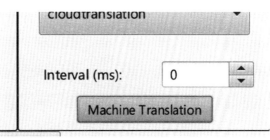

图 7 - 48　点击"Machine Translation"

若出现提示"The engine is not abled.",可能是没有勾选该在线翻译库。

（6）点击"Machine Translation"后,等待界面显示英文翻译的结果（图 7 - 49）。

图 7 - 49　显示翻译结果

（7）未翻译的词会显示"null"。点击有"null"的方框,在方框下方会出现已有术语库或者机器翻译的译文,然后双击对应的译文即可进行翻译（图 7 - 50）。其他词显示"null"也重复以上操作。

图 7 - 50　点击"null"

❽ 添加术语

（1）选择翻译的原文和译文,点击右框下方的"Add Term"（图 7 - 51）。

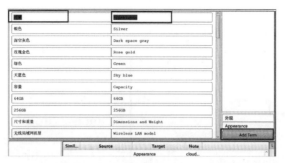

图 7-51　点击"Add Term"

（2）双击最左框的"Terminology"，弹出"Term Manager"窗口（图 7-52）。

图 7-52　弹出"Term Manager"窗口

（3）点击术语按右键，选择"Edit"，弹出"Term Editor"窗口（图 7-53）。

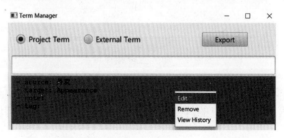

图 7-53　弹出"Term Editor"窗口

（4）点击方框添加标签，再点击"Add Tag"，最后点击"Save"（图 7-54）。

图 7-54　添加标签，保存术语

（5）标签添加完成，"Tag"会显示添加的标签，可点击"Export"输出作为自己的术语库或者直接关闭窗口（图7-55）。

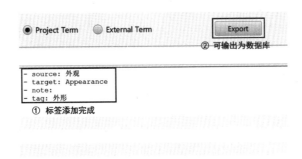

图 7-55　输出术语

❾ 保存文件

（1）右击"File"，选择"Save"（图7-56）。

图 7-56　选择"Save"

（2）右击"ipad air第四代中文"，选择"Export to"。选择"docx for review"时，可导出Word文档；选择"bi-paragraphs"时，可导出双语对照文本文档（图7-57）。

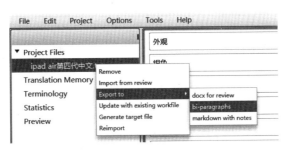

图 7-57　选择"Export to"

（3）输入文件名称，选择储存位置，点击"保存"（图7-58）。

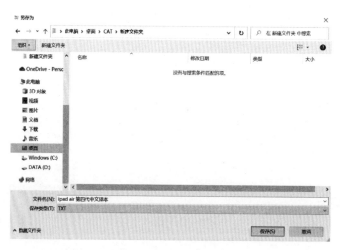

图 7-58 输入文件名称并选择储存位置

（4）导出译文完成（图 7-59）。

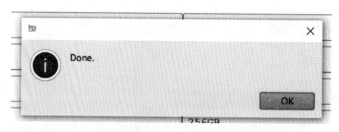

图 7-59 导出译文

（5）打开文件储存的位置即可查看译文。选择"docx for review"导出的 Word 文档如图 7-60 所示，选择"bi-paragraphs"导出的双语对照文本文档如图 7-61 所示。

外观↩	Appearance↩
银色↩	Silver↩
深空灰色↩	Dark space gray↩
玫瑰金色↩	Rose gold↩
绿色↩	Green↩
天蓝色↩	Sky blue↩
容量↩	Capacity↩
64GB↩	64GB↩
256GB↩	256GB↩
尺寸和重量↩	Dimensions and Weight↩
无线局域网机型↩	Wireless LAN model↩
高度 247.6 毫米 (9.74 英寸)↩	Height 247.6 mm(9.74 inches)↩
宽度 178.5 毫米 (7 英寸)↩	Width 178.5 mm(7 inches)↩
厚度 6.1 毫米 (0.24 英寸)↩	Thickness 6.1 mm(0.24 inches)↩
重量 458 克 (1.0 磅)↩	Weight 458 g(1.0 lb)↩
无线局域网 + 蜂窝网络机型↩	Wireless LAN + cellular network model↩

图 7-60 导出 Word 文档

扫描图 7-62 二维码观看 Basic CAT 软件操作视频。

外观
Appearance

银色
Silver

深空灰色
Dark space gray

玫瑰金色
Rose gold

绿色
Green

天蓝色
Sky blue

容量
Capacity

64GB
64GB

256GB
256GB

图 7-61 导出双语对照文本文档　　图 7-62 视频 18：Basic CAT 软件使用

 四、操作练习

练习题 ‥‥‥‥‥‥‥‥‥‥‥‥‥‥‥‥‥‥‥‥‥‥‥‥‥‥‥‥‥

扫描图 7-63 二维码可获得练习材料包。操作练习要求如下：
(1) 转换文档格式(要求为"txt"格式)。
(2) 创建项目，添加翻译文本文档，并设置双语字体。
(3) 创建术语库和记忆库。
(4) 在对应位置添加翻译记忆库和记忆库。
(5) 添加在线机器翻译(niutrans 或者 baidu)，并输入密钥。
(6) 预翻译，且未翻译部分使用添加的在线机器翻译完成。
(7) 添加术语。
(8) 导出译文。

图 7-63 练习 8：Basic CAT 软件操作练习

☞ 微步骤
(1) 文档格式转换。
① 打开练习材料包中的 Word 文档"iphone8 技术规格中文"。
② 复制文档中的文字。
③ 在桌面用鼠标右键点击新建，通过文本文档→粘贴文字→格式→自动换行→文件→保存，得到文本文档"iphone8 技术规格中文.txt"。
(2) 创建项目。
① 打开软件 Basic CAT，点击左上角"File"，选择"New"中的"zh to en Project"。
② 再次点击左上角"File"，点击"Save"。选择存储位置(桌面)，保存文件名为"项

目 1"。

③ 用鼠标右键点击"Project Files",点击"Add File",打开桌面保存的文本文档"iphone8 技术规格中文. txt"。

（3）字体设置。

① 点击"options",选择"Preferences"。点击"Appearance",找到"Source test font"。

② 点击"Source test font",选择字体"System",点击"OK"。

③ 点击"Target test font",选择字体"Times New Roman",点击"OK"。

④ 点击字体应用"Apply",字体设置完成。

（4）建立翻译记忆库、术语库。

① 在桌面建立一个新的 Excel 工作表,重命名为"术语库"。

② 在 A1 输入"银色"、B1 输入"Silver",在 A2 输入"显示屏"、B2 输入"Display Screen",在 A3 输入"芯片"、B3 输入"Chip"。

③ 保存。

④ 按照"建立翻译库"中提到的方法,使用 ABBYY Aligner 软件,分别在对应的框中插入文档"iphone7 技术规格中文. docx"和"iphone7 Technical Supprts English. docx"。再按步骤操作,导出得到文档"iphone7 技术规格中文. tmx"。

（5）添加翻译记忆库、术语库。

① 点击"Project",选择"Project Setting",选择"TM"。点击"Add",添加文件材料包中的记忆库"iphone7 技术规格中文. tmx",点击"Okay"。

② 选择"Term",点击"Add",添加文件材料包中的术语库"术语库. xlsx"。点击"Okay",点击"Apply",点击两次"Continue"。

（6）添加在线翻译。

① 点击"Options",选择"Preferences"。点击"Machine Translation",勾选不需要密钥的"cloudtranslation"和"colorfulclouds"。

② 勾选需要密钥的"baidu"和"niutrans"。

③ 点击"baidu",在"appid"中输入百度账号,在"key"中输入密钥。点击"Save"保存,点击"Apply"。

④ 点击"niutrans",在"key"中输入密钥。点击"Save"保存,点击"Apply"。

（7）进行预翻译。

① 点击"Project Files",点击项目文件"iphone8 技术规格中文"。

② 点击"Project",选择"Pre-translation",选择"niutrans"或"百度翻译"。将左框的"Lowest Fuzzy Match Rate"改为"0. 5",点击"Fuzzy Match",点击"Machine Translation",点击"Okay"。

③ 若有未翻译正确的词（文本框中显示"null"）,双击译文空白处,在下方选择正确的译文并双击。或重复步骤,选择另一种机器翻译,得到译文。

（8）添加术语。

同时选中原文和译文,点击最右边的框"Add Term",选择最左边的框"Terminology",右键点击某一个术语,选择"Edit",点击添加术语标签"Add Tag",点击"Save"保存。如果有需要,可导出术语库。点击外部术语库"External Term",点击"Export",选择存储位置与名称。

(9) 导出译文。

① 点击左上角的"File",点击"Save",成功保存译文。

② 点击"Project Files"中的文件"iphone8 技术规格中文",点击"Export to",选择"docx for review",导出 Word 文档。或者选择"bi-paragraphs",导出双语对照文档。选择存储位置与名称,点击"Save",完成翻译项目。

五、使用答疑

❶ 如何建立可导入的翻译库?

建立"tmx"格式的翻译库可以使用 ABBYY Aligner 软件进行创建。

❷ 导入、导出文件支持什么格式?

支持导入"tmx"格式和"tab"分割的"txt"文件,"txt"文件要求原文在前、译文在后,并以"tab"进行分割。

术语的导入与翻译记忆的导入相类似,支持的文件类型是"tbx"和"tab"分割的"txt"文件。

导出的文件类型支持"docx"格式。

❸ 为什么软件在使用过程中会出现乱码现象?

软件仍在开发中,某些性能不稳定。有些电脑在使用该软件时,可能会出现软件与系统字体不兼容的现象,如术语库或者记忆库里的文字乱码。但是,这不影响软件的使用。

❹ 界面文字只能是英文吗? 能转换成中文字体吗?

由于该软件是一个计算机辅助翻译软件,目标使用人群主要为中英双语翻译译者,加上软件尚不足够完善,界面文字只有英文,中文字体尚未开发。

参考文献

［1］ Austermühl，F. *Electronic Tools for Translators*. Manchester：St. Jerome Publishing，2001.

［2］ Baker，M. *Routledge Encyclopedia of Translation Studies*. Shanghai：Shanghai Foreign language Education Press，2004.

［3］ Bowker，L. *Computer-Aided Translation Technology：A Practical Introduction*. Ottawa：University of Ottawa Press，2002.

［4］ Bowker，L. Translation Technology and Ethics. In Koskinen，K. & Pokorn，N. K.（eds.）. *The Routledge Handbook of Translation and Ethics*. London & New York：Routledge，2020.

［5］ Chan，Sin-wai. *The Future of Translation Technology: Towards a World Without Babel*. London/New York：Routledge，2014.

［6］ Hutchins，J. *Machine Translation：Past，Present，Future*. Chichester：Ellis Horwood Limited，1986.

［7］ Hutchins，J. Machine Translation：A Brief History. *Concise History of the Language Sciences：From the Sumerians to the Cognitivists*，1995.

［8］ Luong，Minh-Thang. et al. Effective Approaches to Attention-based Neural Machine Translation. *Proceedings of the 2015 Conference on Empirical Methods in Natural Language Processing*. Lisbon：Association for Computational Linguistics，2015.

［9］ Quah，C. K. *Translation and Technology*. New York：Palgrave Macmillan，2006.

［10］ Somers，H.（ed.）*Computers and Translation: a Translator's Guide*. Amsterdam：John Benjamins，2003.

［11］ 陈严春. 大数据时代译者能力透析及其构建. 上海翻译，2022，3：39－44＋95.

［12］ 管新潮，徐军. 翻译技术. 上海：上海交通大学出版社，2019.

［13］ 韩林涛. 译者编程入门指南. 北京：清华大学出版社，2020.

［14］ 贾艳芳，孙三军. 机器翻译译后编辑难度测量体系构建研究. 中国外语，2022，3：16－24.

［15］ 李萌涛，崔启亮. 计算机辅助翻译简明教程. 北京：外语教学与研究出版社，2019.

[16] 鲁军虎,邵锋.基于 Déjà Vu 平台的 MTI 科技翻译"孵化式"教学探索.翻译研究与教学,2022,1:68-73.

[17] 骆雪娟.基于问题学习模式(PBL)的高校计算机辅助翻译课程教学设计研究.广州:中山大学出版社,2021.

[18] 吕奇,杨元刚.计算机辅助翻译入门.武汉:武汉大学出版社,2015.

[19] 潘学权,崔启亮.计算机辅助翻译教程.安徽:安徽大学出版社,2020.

[20] 王华树.翻译技术100问.北京:科学出版社,2020.

[21] 王华树.计算机辅助翻译概论.北京:知识产权出版社,2019.

[22] 王华树,李莹.翻译技术简明教程.北京:世界图书出版公司,2019.

[23] 王华树,李莹.新时代我国翻译技术教学研究:问题与对策——基于《翻译专业本科教学指南》的思考.外语界,2021,3:13-21.

[24] 王琴,周兴华.Déjà Vu 和 YiCAT 两款主流 CAT 软件功能对比与评价.电子技术与软件工程,2022,3:39-42.

[25] 王少爽,邹德艳.新媒体环境下翻译技术学习评价模式创新研究.外语界,2022,2:72-79.

[26] 王清然,徐珺.技术进步视域下机器翻译技术对语言服务行业的影响分析.中国外语,2022,1:21-29.

[27] 徐彬,宋爽.AI 时代译后编辑的典型错误与译者培养.翻译与传播,2021,1:111-126.

[28] 徐珺,王清然.技术驱动的语言服务研究与探索:融合与创新.外语电化教学,2021,5:61-67+111+9.

[29] 中国翻译协会.2020 中国语言服务行业发展报告.北京:中国翻译协会,2021.

[30] 周兴华,李懿洋.计算机辅助翻译软件的译后编辑功能探究.北京第二外国语学院学报,2021,5:52-65.

后　记

10年前,我在江南大学首开计算机辅助翻译课程。当时的情况可以用一个成语来形容,那就是"筚路蓝缕"。且不说教学大纲、课程简介是我"一手包办",关键是缺少合适的教材。情急之下,我用了一两本机器翻译方面的教材,还有翻译技术方面的一些参考书籍,总体感觉就是"不搭":某些机器翻译图书中对机器翻译的定义只是相当于"machine-aided human translation"。最关键的是学生收获不大。后来我不断完善教学内容,不断改进教学方法,才取得了一点像样的成绩:已经培养两位外国语学院英语专业的本科生考上(不是什么保送)北京大学计算机系,去攻读计算机辅助翻译方向的硕士学位。

余暇时间,我反思自己的计算机辅助翻译教学,有两点体会:一是将之纳入计算语言学的范畴,给学生讲授语言学、数学(主要是一些统计知识,尤其是信息科学中所运用的统计方法)和计算机技术;另一个是传授计算机辅助翻译软件的操作方法。最难的是后者,因为一所学校往往觉得外语很小众,买一两种计算机辅助翻译软件就觉得足够了。此外,学生下课后往往没有办法上机操作这些软件(机房工作人员要下班,无法陪你玩)。

有鉴于此,我决意编写一本针对学生的简明计算机辅助翻译软件学生操作手册,试图能够做到:①可以下载软件到电脑上,哪怕学校没有装配这个软件,自己也可以学习操作;②在介绍实际操作时,一步一步地来,文字不多,图片不少,配备二维码,通过扫码可以观看视频教程。我坚信学会这6大软件(Déjà Vu, ABBYY Aligner, Snowman, Memoq, SDL Trados Studio, Basic CAT),国内大公司所采用的计算机辅助翻译系统就容易上手了。

本书的成书过程得益于我的历届学生,尤其是广西民族大学外国语学院18翻译1班和2班的学生。他们在教师的指导下分为6组,完成以下学习过程:①首先,自学某个软件;②然后,在课堂上向其他组学生讲授;③最后,修改、完善上一届学生的介绍资料。现附上6个小组成员的名单如下:①Déjà Vu小组(李琳、华宗暄、贾苏雅、李艾婷、李国庆、蓝星星、李紫欣、谭小姣、覃思艳、吴德容、赵海燕、林晓君、李苗瑶、陈笑雨、孔瑞、贾晨、冯澍);②ABBYY Aligner 小组(陈舒、郝雨辰、黄晓楠、毕景砚、陈晓艳、黄梅、黄亓、黄嘉欣、韦梦莎、韦沛林、钟丽妃、韦群霜、曾维思、黄莎、于泽然、陈颖璐、王玉婷);③Snowman 小组(肖善怡、谢秀莲、韦柳霜、肖善怡、颜婷、谢荞穗、刘丽江、林香怡、蓝怡婷、林宇露、黄晓迈、刘怡琳);④Memoq 小组(邹婉仪、周绵绵、祝金亭、周艳萍、周思婷、梁燕玲、梁泉清、张华线、刁礼惠、李媛、黄丽艳、梁康妮、赵雨晨、仲洲瑶、刘佳薇、刘圆圆);⑤SDL Trados Studio 小组(邱瑞凤、樊恒佟、叶婷婷、覃贝贝、莫覃斐、李秋萍、苏华娜、韦静静、章程、钟鹏、陆俊霖、罗炜霞、朱梓晨、周心怡、林妍妃、杜思曼、张嘉欣);⑥Basic CAT 小组(梁咏、梁家宁、王康、韦琛、林春玲、莫菲菲、莫敏莹、莫宇晶、宁岚、史天莉、彭贝玲、覃春梅、韦肖芳、毛凌敏、钱越、许欢、马钺清、杨雁华)。此外,朱丹、陈得惠、高梦婷、黄亚平、李源艺、阮玉莲等在材料汇总、格式调整方面付出了心血。在付梓印刷之前,朱丹、石广生、黄洁滢、郭雅文、叶婵、莫弈舒、张鸿凯等同学进一步提高了截图和视频材料的清晰度。

本书的完稿应感谢不同高校教师的通力合作,他们是李学宁(上海交大计算机系博士、山东大学外国语学院博士后,江南大学教授,广西民族大学博士生导师)、李向明(清华大学深圳研究生院副教授,留学美国主攻教育技术)、韩倩兰和韦锦泽(广西民族大学优秀教师)、宋孟洪(江南大学经验丰富的教师)。本书的出版还得益于以下多个项目的经费资助:①2020 年教育部产学合作协同育人项目;②2018 年广东外语外贸大学翻译学研究中心招标项目;③广西民族大学系列经费(外国语言文学一流学科建设经费、2017 年引进人才科研启动项目、2020 年广西-东盟跨境电商语言服务重点研究基地项目等);④广东省基础与应用基础研究基金(编号:2021A1515012563);⑤江南大学 2021 年人文社科提升培育专项(编号:K2050206)等。在此,对各单位的领导和其他各位作者表示衷心的感谢,这是我们多校师生的集体成果!

希望本书能够成为计算机辅助翻译这门课程的得力助手,也希望通过本书读者的反馈,我们能将本书不断打磨,使之精益求精。

李学宁

2022 年 7 月

图书在版编目(CIP)数据

简明计算机辅助翻译软件学生操作手册/李学宁等编著.—上海：复旦大学出版社,2022.9
ISBN 978-7-309-16321-6

Ⅰ.①简… Ⅱ.①李… Ⅲ.①自动翻译系统-手册 Ⅳ.①TP391.2-62

中国版本图书馆 CIP 数据核字(2022)第 127637 号

简明计算机辅助翻译软件学生操作手册
李学宁 等 编著
图书策划/任文玉 龙英碧
责任编辑/梁 玲

复旦大学出版社有限公司出版发行
上海市国权路 579 号 邮编：200433
网址：fupnet@ fudanpress.com http://www.fudanpress.com
门市零售：86-21-65102580 团体订购：86-21-65104505
出版部电话：86-21-65642845
常熟市华顺印刷有限公司

开本 787×1092 1/16 印张 10 字数 231 千
2022 年 9 月第 1 版
2022 年 9 月第 1 版第 1 次印刷
印数 1—6 100

ISBN 978-7-309-16321-6/T·718
定价：89.00 元